図解・天気予報入門

ゲリラ豪雨や巨大台風をどう予測するのか

古川武彦　大木勇人　著

JN053294

ブルーバックス

カバー装幀・章扉デザイン──芦澤泰偉・児崎雅淑

本文図版──(株)日本グラフィックス・大木勇人

はじめに

「30年に一度の現象」と定義される異常気象が地球温暖化により頻発しています。歴史的に見て最強クラスの台風の発生が続いたり、「線状降水帯」とよばれる集中豪雨をもたらす積乱雲群の発生が多発したりして、毎年のように大きな気象災害が起こるようになっています。本書編集の最終盤となる2021年夏も、九州地方を中心に線状降水帯の発生が続いています。

また、報道で「ゲリラ豪雨」と呼ばれる予測しきれない雷雨も、遭遇する機会が増えたと感じている人が多いでしょう。

気象災害に備えるために天気予報の役割がますます重要になってきています。本書は、その天気予報のしくみを解説するものです。

既刊の姉妹本『図解・気象学入門』(講談社ブルーバックス)は、気象学の原理をわかりやすく解説する入門書として、出版から10年を経た今も増刷を続けて読み継がれてきました。今回は、明らかにするターゲットを「気象学」から「天気予報」へ移し、本書が企画されました。

本書は、性格の異なる「前編」と「後編」から成っています。

「前編(第1〜第4章)」では、台風や線状降水帯による気象災害の激甚さ、そのしくみをあらためて確認した後、天気予報の成り立ちを歴史のエピソードを交えて紹介、高層気象の見方も解説します。関連した気象の原理も適宜解説し、後編の理解へとつなげます。「高層天気図」の見方だけでなく、

大気の安定度を見ることのできる気象資料「エマグラム」の見方も解説しています。

　典型的な天気図の見方を解説した第4章でも、「高層天気図」や「エマグラム」を交えて解説を行いました。

　実は、天気図や気象学の知識をもとにした天気予報は、予報の現場ではすでに過去のものとなり、後編で扱う数値予報が現在は中心となっています。とはいえ、人々が身のまわりの気象という自然を理解するツールとして、天気図への関心は今も広くあると思います。

　一昔前までは、登山や海洋スポーツなどで気象状況をつかんで行動するため、ラジオで気象通報を受信し、音声で伝えられる各地の気圧などの情報を天気図用紙に書き込み、自身で等圧線や前線を引くといった技能を趣味でもっている人も大勢いました。インターネットで天気図などの資料を入手できる時代に移り、天気図をかく機会はめっきり減った一方、いろいろな気象資料に接する機会が増え、関心の範囲はむしろ広がっているのではないでしょうか。

「後編」（第5〜第7章）では、現代のコンピュータを用いた天気予報の解説へ内容がシフトします。

　先に述べたように、天気図を用いて予報官が行う天気予報の手法は過去のものになりました。「数値予報」とよばれるコンピュータによる天気予報が主流になっている現在、本書執筆ではその原理を明らかにする目標を立てました。専門書では微分や積分の数式が並ぶ内容なので、難しい課題でしたが、「微分や積分の知識がなくてもわかる」解説が実現できたように思います。数値予報は物理法則の方程式をもとにし

ていますが、その計算を行う原理の核心は、実は単純な加算の繰り返しであることをつかんでいただけるでしょう。

　また、気象庁による天気予報では中心となる手法ではありませんが、ビッグデータから有用な結論を導く機械学習やディープラーニングを行う AI（人工知能）による天気予報がいくつかの大学や Google などによって開発されています。ビッグデータとは過去の膨大な気象データをさし、そこから現在の気象状況に似たパターンを見つけ出して天気予報を行うものです。予報精度は現在の数値予報にかなうものではありませんが、AI を活用した新しい技術として注目している方もいるでしょう。気象庁による天気予報の中心部分は、あくまでも物理法則に基づく数値計算ですが、実は、その後処理としては、AI と同様の手法も取り入れられていることが本書の解説を通じてわかるでしょう。

　執筆は、天気予報や気象学を専門とする古川武彦と、理科の教科書づくりを専門とする大木勇人の２人が、それぞれの長所を持ち寄り、話し合いを重ねて進めました。

　本書の作成にあたり、気象庁の多くの関係者から貴重な助言や情報、資料の提供をいただきました。また、講談社ブルーバックス編集チームの家中信幸さん、須藤寿美子さんには多くの励ましをいただき、校閲の皆様から貴重なご指摘をいただきました。ここに感謝の意を表したいと思います。

2021 年 8 月 26 日　　　　　　　　著者　古川武彦
　　　　　　　　　　　　　　　　　　　　大木勇人

もくじ

第3章　現在の大気を知る──さまざまな気象観測

第4章　天気図と人による天気予報

前編

人による予報の時代
——観測、気象の理解から予報へ

第1章

温暖化で強靱化する「台風」、
多発する「線状降水帯」

現代の天気予報の原理、予報を出すまでのしくみを明らか
にすることが本書の目的ですが、台風と線状降水帯の話から
始めたいと思います。なぜなら、気象予報の中でも地球温暖
化で強靱化した台風や多発する線状降水帯を予報すること
は、現在日本で暮らす人々にとって、生活や財産、生命を守
るために大きな役割を果たすだろうからです。

　本書の執筆を始めた2019年（令和元年）は、台風の脅威
を改めて見せつけられた年でした。平年の2倍近くの5個の
台風が日本に上陸し、15号による暴風、19号による大雨は
大規模な災害を発生させ、多数の犠牲者を出しました。どち
らも観測史上最強クラスの勢力——クラス5「猛烈な台風」
54m/s以上の風——に達し、それぞれ「令和元年房総半島
台風」「令和元年東日本台風」と命名されました。

　続く2020年の「令和2年7月豪雨」では、線状降水帯な
どによる集中豪雨が各地で多発して災害をもたらし、地球温
暖化による気候変動をさらに強く実感することとなりまし
た。

　1章ではこの2つを題材にして、現在の気象予報がどこま
で予報できたかを確認しながら、天気予報を理解するための
気象の原理の解説も少しずつ進めていこうと思います。

1 台風にかかわる気象の物理

潜熱の放出

　前述の「令和元年房総半島台風」（2019 年台風 15 号）の
もととなったのは、マーシャル諸島の近海——北緯 15 度、
東経 170 度の日付変更線のあたり——という、日本から南東
方向の遥か彼方の熱帯の海域で発生した**熱帯低気圧**です。

　熱帯低気圧はどのような原理的（物理的）なしくみで発生
し、発達するのでしょうか。気象の原因となる物理的な法則
は、本書の後半で解説するコンピュータによる数値予報の基
礎となることでもあるので、それらの原理にもふれながら見
ていきたいと思います。

　赤道に近い地域では、**対流性の雲**（積雲・雄大積雲・積乱
雲）が発生・発達しやすい環境にあります。これは、太陽が
毎日天頂近くまで昇り、地表や海面を垂直に近い角度で照ら
して熱するためです。太陽光（太陽放射）は、地球の大気に
外から与えられるエネルギーであり、すべての気象現象のお
おもとです。そのエネルギーにより海面が暖められ、上昇気
流から積雲が発生・発達して積乱雲となり、しばしば「スコー
ル」と呼ばれる「にわか雨」を降らせては消滅するというサイ
クルを毎日のように繰り返しています。

　地球規模の大気の大循環で見ると、南北の半球の中緯度高
圧帯から吹き出す風が、それより低緯度の赤道近くの地域で
ぶつかって上昇し、**熱帯収束帯**ができます。このため、図
1-1 の気象衛星画像に見られるような雲の帯を形成します。
この画像は北半球が夏のときのもので、熱帯収束帯は、北半

球の夏には北半球側に、冬には南半球側に移動します。

　画像で特に濃い白に見えるかたまりがありますが、これは雲頂の温度の低い——つまり温度の低い高高度まで発達した——積乱雲の大きな集まりを示しています。このような発達した積乱雲の大きな集団を**クラウド・クラスター**と呼びます。クラスター（cluster）というのは、集団やかたまりの意味です。

　クラウド・クラスターは台風のたまごとなります。前述の「令和元年房総半島台風」のもととなった熱帯低気圧が発生したマーシャル諸島のある海域も図中に示しました。「海域」

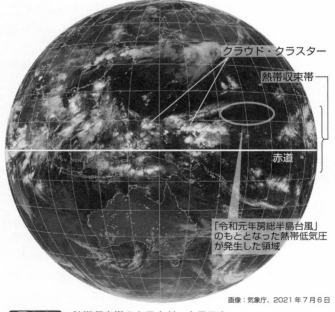

クラウド・クラスター

熱帯収束帯

赤道

「令和元年房総半島台風」のもととなった熱帯低気圧が発生した領域

画像：気象庁、2021年7月6日

図 1-1 熱帯収束帯のクラウド・クラスター

であることは台風の発生に欠かせない要素です。熱帯の水温の高い海域では、大気下層に水蒸気が豊富です。上昇気流により海面付近から運ばれた水蒸気が上空の積乱雲の中で凝結して水滴になるとき、凝結にともなって放出される**潜熱**が周囲の空気を熱し、それが台風のエネルギー源となるのです。

「潜熱」とは「潜んでいる熱」ですが、どのように潜んでいるのでしょうか？

水は、分子の酸素の部分が－に、水素の部分が＋に帯電した極性分子であるため、他の物質に比べて分子同士が引き合う力が大きくなっています。

分子同士の引き合う力を、重力に置き換えて考えてみてください。位置エネルギーは高いところにある物体ほど大きく、物体が低い位置へ落ちてくると位置エネルギーの差の分だけ運動エネルギーに変化して、全体のエネルギーは保存される──このような「エネルギー保存の法則」を誰でも理科で学習したことがあるでしょう。位置が高いことは、分子間では距離が離れていることに当たります。つまり、分子間の引力に由来するエネルギーは、分子同士が遠い気体状態のときに大きくなり、分子同士が近い液体状態のときに小さくなります。この気体状態と液体状態のエネルギー差が潜熱です。水が気体から液体へと状態変化すると、分子間の引力に由来するこのエネルギーが分子の運動の激しさのエネルギーに変換され（このことを潜熱の放出という）、温度が上がるのです。

水は物質の中でも潜熱が大きい物質なので、水蒸気の豊富なところには多くのエネルギーがあり、水蒸気が流れるところにエネルギーの流れ、エネルギーの輸送があります。クラウド・クラスターの積乱雲の集団内では、水蒸気が上空に運

ばれて凝結し潜熱を放出して大気を暖めます。このエネルギーが台風の発生・発達のエネルギー源です。

気柱のセオリー

　クラウド・クラスターの積乱雲の中では潜熱が放出され、空気が暖められ、それによって地上の気圧が下がります。空気が暖められると気圧が下がるのはなぜでしょうか？　暖かい空気は軽いから気圧も低くなる——と考えてもまちがいではありませんが、上空の空気も含めた全体を理解するには、本書の姉妹書である『図解・気象学入門』（講談社ブルーバックス）で展開した「気柱のセオリー」が有効です。本書でも解説しておきましょう。

　気柱とは、地球の大気を地上から大気の上端まで柱状に切り取ったモデルで、この気柱の重さによって高気圧や低気圧の発生を説明します。まず、図1-2❶のように、2つの場所A、Bでそれぞれ気柱を考えます。これら2つの気柱の重さは等しく、したがって地上の気圧は等しいと考えるのが考察の出発点です。地上での気圧は等しいので、気圧差による力もはたらかず、風は吹きません。気圧の差によって空気を動かす力は、**気圧傾度力**というので覚えておきましょう。気圧の差が大きいほど気圧傾度力が大きくなり、強い風が吹きます。

　次に❷では、A、B 2つの気柱の片方が暖められて、温度差ができた場合を考えます。冷たくなったAの気柱は体積が小さくなり背が低くなります。また、暖められたBの気柱は体積が大きくなって背が高くなります。気柱の高さが変化したとはいえ、気柱内の分子数は変化していないので、A、Bの気柱の重さはまだ等しく、地上における気圧も同じです。

　ところがこのとき、上空では変化が起こります。❷の破線で示した高さに注目してみましょう。Ａの気柱では破線より上にあるのは、Ａの高さの１割ぐらいですが、Ｂの気柱では破線より上にあるのは４割ぐらいになっています。つまり、破線の高さでは、それより上にある気柱の重さが、ＡとＢで異なり、Ｂの気圧のほうがＡよりも高くなるのです。

　すると❸のように、破線の高さで気圧の高いＢから低いＡへ空気が移動します。その結果、気柱全体の重さが変化し、

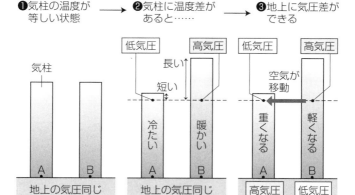

❶気柱の温度が等しい状態　　❷気柱に温度差があると……　　❸地上に気圧差ができる

気柱のセオリー

２つの気柱に温度差ができると……

○暖められた気柱は背が伸びて、地上で低気圧、上空で高気圧になる。

○冷やされた気柱は背が縮んで、地上で高気圧、上空で低気圧になる。

図1-2　**気柱のセオリー**　気柱の温度変化による低気圧・高気圧の発生の原理

地上における気圧はAで高気圧、Bで低気圧になります。ここまでが気柱のセオリーの基本的な説明です。

　クラウド・クラスター内部にも、気柱のセオリーを当てはめてみましょう（図1-3）。水蒸気が上空に運ばれて凝結することによる潜熱の放出で気柱の一部（①の斜線部分）が加熱され、膨張して背が高くなり（②）、上空で周囲に空気が流れ出ることで気柱全体が軽くなり（③）、地上は低気圧になります。先のモデル図と少し違うのは、気柱全体ではなく上空の空気が暖められるということですが、地上の気圧が下

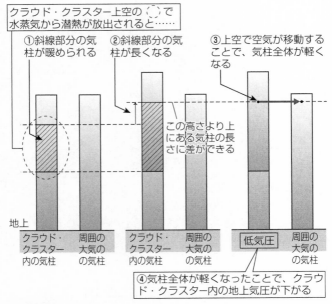

クラウド・クラスター上空の（　）で水蒸気から潜熱が放出されると……

①斜線部分の気柱が暖められる

②斜線部分の気柱が長くなる

③上空で空気が移動することで、気柱全体が軽くなる

この高さより上にある気柱の長さに差ができる

地上

クラウド・クラスター内の気柱　周囲の大気の気柱

クラウド・クラスター内の気柱　周囲の大気の気柱

低気圧　周囲の大気の気柱

④気柱全体が軽くなったことで、クラウド・クラスター内の地上気圧が下がる

図1-3 クラウド・クラスターや台風の気圧が下がるしくみ

がることには変わりはありません。クラウド・クラスターが
発達した熱帯低気圧や台風の内部で上空にできた暖気のかた
まりは**ウォーム・コア**といい、台風の中心気圧を極端に下げ
る原動力です。

　このような気柱のセオリーによる気圧の変化は、地球上の
さまざまな気圧変化に適用して考えることができます。

コリオリ力

　前項で見たように、クラウド・クラスターは地上の気圧を
下げ、その一帯は低圧部となります。しかし赤道に近い地域
の中でも「赤道直下」では、これらのクラウド・クラスター
の低圧部が組織的にまとまった渦巻きの構造をもつ低気圧に
まで発達したりしないことが特徴です。これは、そもそも赤
道直下では渦の形成に欠かせない**コリオリ力**がはたらかない
ためです。

　コリオリ力は、地球の自転にともない、地球表面で運動す
る物体（風）にはたらく力です。北半球では、図1-4(a) の
ように、運動方向に対して直角右向きの力が常にはたらき、
それによって風向が変えられます。また、この力の大きさは、
赤道直下では0ですが、高緯度へいくほど大きくなります。

　図1-4(b) のように、気圧の高いところから低いところへ
風が吹こうとするとき、初め等圧線を直角に横切る方向に吹
き始めた風は、進む向きに対して直角右向きのコリオリ力を
受けます。その結果右寄りへ変わった風向に対して、さらに
直角右向きのコリオリ力がはたらくため、やがて風向は等圧
線に平行な向きになっていきます。最終的には、図1-4(b)
の右端のように、気圧傾度力とコリオリ力がちょうどつり合

うようになります。こうなると、もう風向は変わりません。このような状態になった理論上の風を**地衡風**といいます。

　風の原動力は気圧差、気圧傾度力ですが、その力に対して風向が直角になってしまう地衡風は不思議に感じられますが、地表から離れた大気の中層や高層では、ほぼ地衡風となった風が吹いています。

　またコリオリ力は、風だけでなく、すべての運動する物体にはたらき、例えば海流もこの力を受けています。北半球では海流の流れる方向の直角右向きのコリオリ力を受けるた

（a）運動方向とコリオリ力の向き

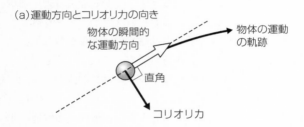

（b）コリオリ力による風向の変化（摩擦力がない場合）

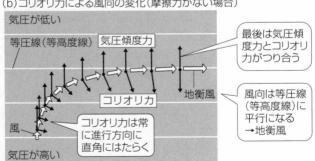

図1-4　**コリオリ力と地衡風**　コリオリ力は北半球では運動方向の直角右向き、南半球では運動方向の直角左向きにはたらく。

20

め、海流の進行方向右側の海面が高くなっています。高い海面から低い海面の方に力がはたらいて海水が流れてしまいそうですが、その力とコリオリ力がつり合っているのです。地衡風において気圧傾度力とコリオリ力がつり合っているのと一緒です。

　コリオリ力の影響が顕著に現れるのは、中緯度帯では1000 km 以上の空間スケールで半日以上の時間スケールをも

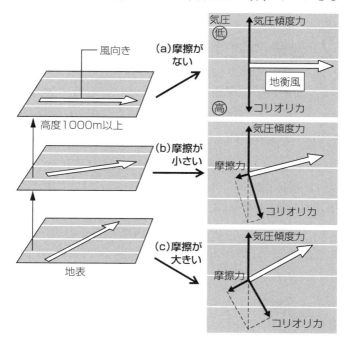

図1-5　地上付近の風から上空の地衡風まで
地上付近では、気圧傾度力、コリオリ力、摩擦力の３つの力がつり合い、等圧線に斜めに風が吹く。

つ大気の運動であり、それより小さいスケールではコリオリ力はほとんど影響を与えません。

さて、地表近くでは、摩擦力がはたらくため、地衡風とは異なる風が吹きます。図1-5のように、地表に近づくほど摩擦力がはたらき、気圧傾度力とコリオリ力、摩擦力の3つの力がつり合った風となり、風向は等圧線に対して斜めになるのが特徴です。

2 台風の発生と発達

台風の発生と構造

クラウド・クラスター内部で地上気圧が下がって低圧部ができると、地表付近では気圧の高いクラスターの周囲から気圧の低いクラスター内部に向かって風が吹き込むようになります。「コリオリ力」により、風の向きが変えられ、反時計回り（低気圧性）の渦を形成し、中心をもつ熱帯低気圧となります。中心へ吹き込む風は、暖かい海上を吹き渡るうちに海水から水蒸気の供給を受け、中心付近に達すると行き場を

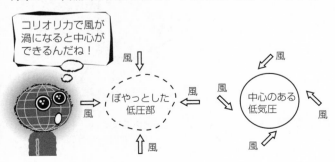

失って上空へ上がりますから、熱帯低気圧の中心では対流性の雲が常に発達します。

　このようにして、暖かい海面を吹き渡る風が水蒸気を台風中心のウォーム・コアへ運び込み続けている間は、台風は発達を続けます。水蒸気という熱源が中心へと注入されることで台風は発達するのです。

　熱帯低気圧が発達していく状況は、卵からひなが生まれ出ることになぞらえて、英語では incubation（孵化）と表現されています。

　熱帯低気圧が台風に発達すると、図1-6に示すように、「目」「目の壁雲」「スパイラルバンド」といった構造ができあがります。

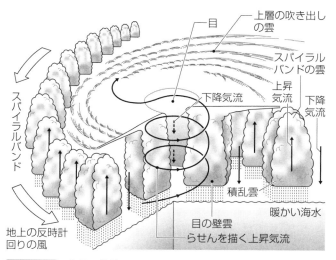

図1-6　台風の構造

スパイラルバンドは、台風中心に吹き込む風向に沿うように並んだ積雲や雄大積雲、積乱雲の集まりで、数百km程度の広がりがあります。これを構成する個々の雲の内部には上昇気流がありますが、その周辺の雲のないところは下降気流になっています。スパイラルバンドを構成する積乱雲群は、後に解説する「マルチセル型」の構造をもっており、数十分ほどの寿命をもつ積乱雲が生成と消滅を繰り返しながら、数時間以上の寿命をもって活動し、激しい雨を降らせます。

また、目の壁雲は、円筒形の特殊な構造に組織化されていますが、発達した積乱雲の集まりです。激しい雨を降らせるだけでなく、壁雲の下の地上では特に強い風が吹き、遠心力のため風はそれ以上中心へは向かわずに、壁雲の中をらせんを描いて上昇します。風が吹き込めなくなった中心には雲のない「目」ができます。

このように、激しい気象をもたらすのは、雲の中でも鉛直に発達する対流性の雲です。まだ発達していないものを積雲といい、大きく発達したものを雄大積雲、激しい雨（雷雨）を降らせるところまで発達したものを積乱雲と呼んでいます。これらの雲の発達をどう予測するかは、台風に限らず天気予報の肝であるといえるでしょう。

台風の定義

台風は熱帯低気圧が発達して「中心付近の最大風速が約17m/s以上」になったものと定義されています。図1-7のように、熱帯低気圧が発達したものは世界各地に発生しますが、その呼称は地域により異なっています。アメリカの「ハリケーン」といえば「台風」と同じものと考えてよいのです

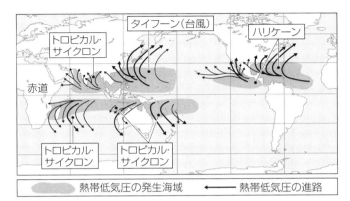

タイフーン（台風）

トロピカル・サイクロン

ハリケーン

赤道

トロピカル・サイクロン

トロピカル・サイクロン

⬛ 熱帯低気圧の発生海域　⟵ 熱帯低気圧の進路

図 1-7 世界の強い熱帯低気圧と発生海域　海水温の高いところで発生するが、赤道直下では発生しない。

が、最弱のハリケーンは最弱の台風よりも強力です。北アメリカ周囲に熱帯低気圧を強くする特段の要因がある——というわけではありません。それぞれの国によって、どれだけの強さの熱帯低気圧を別名で呼ぶかの基準が異なっているためです。

「ハリケーン」は北大西洋、カリブ海、メキシコ湾および日付変更線より東の北東太平洋に存在する熱帯低気圧のうち、最大風速が約 33m/s 以上になったものを指します。

また、「トロピカル・サイクロン」は、ベンガル湾やアラビア海などの北インド洋に存在する熱帯低気圧のうち、最大風速が約 17m/s 以上になったものを指し、南半球のオーストラリア周辺でも同様です。

注意すべきことは、ハリケーンで報じられる最大風速は1分間平均の最大値であり、日本などが従っている国際基準の

10分間平均の最大値ではないことです。なお、瞬間風速は風速の30%程度強くなります。また、瞬間風速は、従来0.25秒間隔の観測値としていましたが、現在は3秒間の平均値（0.25秒間隔の計測値12個の平均値）となっています。

台風やハリケーンの階級分けの基準を図1-8に示しておき

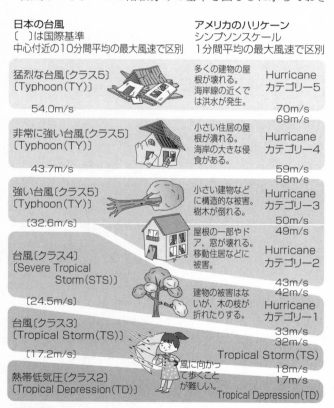

日本の台風
〔 〕は国際基準
中心付近の10分間平均の最大風速で区別

アメリカのハリケーン
シンプソンスケール
1分間平均の最大風速で区別

猛烈な台風〔クラス5〕
〔Typhoon(TY)〕

多くの建物の屋根が壊れる。海岸線の近くでは洪水が発生。

Hurricane
カテゴリー5

54.0m/s

70m/s
69m/s

非常に強い台風〔クラス5〕
〔Typhoon(TY)〕

小さい住居の屋根が潰れる。海岸の大きな侵食がある。

Hurricane
カテゴリー4

43.7m/s

59m/s
58m/s

強い台風〔クラス5〕
〔Typhoon(TY)〕

小さい建物などに構造的な被害。樹木が倒れる。

Hurricane
カテゴリー3

〔32.6m/s〕

50m/s
49m/s

台風〔クラス4〕
〔Severe Tropical
Storm(STS)〕

屋根の一部やドア、窓が壊れる。移動住居などに被害。

Hurricane
カテゴリー2

43m/s
42m/s

〔24.5m/s〕

建物の被害はないが、木の枝が折れたりする。

Hurricane
カテゴリー1

台風〔クラス3〕
〔Tropical Storm(TS)〕

33m/s
32m/s

〔17.2m/s〕

風に向かって歩くことが難しい。

Tropical Storm(TS)

18m/s
17m/s

熱帯低気圧〔クラス2〕
〔Tropical Depression(TD)〕

Tropical Depression(TD)

図 1-8 台風とハリケーンの階級分けの違い

ます。風速の定義などが異なるため、一概には比べられないのですが、同じ位置に並んだものが大体同じ強さの台風とハリケーンであると考えられます。

　また、日本の台風の階級分けの基準は、国際基準に従っていますが、国際基準クラス5の名称タイフーン（Typhoon）に当てはまるのは、「強い台風」よりも強い台風だけで、クラス3と4の台風は「熱帯暴風雨（Tropical Storm）」です。また、日本の台風の階級分けでは、タイフーンをさらに3階級に分けています。

3 台風の進路予報

台風を動かす指向流とは何か

　どの台風もたいていは、発生した低緯度では西や北西へ進みます。これは、自転する地球上に発生した渦の性質によるものであり、「ベータ効果」や「ベータ・ジャイロ効果」と呼ばれるものです。

　中緯度まで移動した台風は、進路を東寄りに変え、移動速度を上げることが多くの場合に見られます。この進路の変化は、中緯度上空に吹きわたる東風である偏西風に流されるとか、太平洋高気圧周囲の時計回りの気流に流されるとか、解説されることが多くあります。実際、台風の進路は、太平洋高気圧周囲の時計回りに吹く風や、上空の偏西風の影響を強く受けると考えて予報した進路と一致することが多く、予報官が実際にそのような技法を使って予報していた時代がありました。

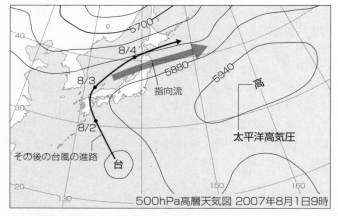

図 1-9 台風を動かす指向流の例

　図 1-9 は、台風の進路を予想した 500 hPa 高層天気図です。5880 と書かれた線の内側は太平洋高気圧の勢力範囲で、台風はこの線の外側を線に沿って進みます。高層天気図のこの線は、「等高度線」と呼ばれるものですが、地上天気図の等圧線と同じものと考えてください。前述のように、上空の風は等圧線（等高度線）に平行に吹く理論上の地衡風に近いものとなっています。

　台風を押し流すと考えられたこの上空の風は、**指向流**と呼ばれてきました。指向流の考え方は、1940 年代の著名な気象学の本でも述べられ、台風の移動速度は指向流で置き換えられ、台風は指向流と同じ方向に同じスピードで移動するとされていました。5880 m の等高度線は、太平洋高気圧の勢力範囲を表すことが多いので、台風は太平洋高気圧周囲の時計回りの気流に流されると考えることもできます。

「偏西風」あるいは「指向流」をもとにして人が予報していた時代には、それらの風がはっきりしないときには進路の予報ができず、ふらふら動き回る台風は迷走台風と呼ばれました。指向流による予報には限界があります。

本書後半で解説するコンピュータによる数値予報は、指向流の考え方でプログラムが組まれているわけではありません。偏西風の風向や速度による効果を計算して台風の進路予想をしているのでもありません。もっと基本的な物理法則をもとにした計算が行われています。

 ### 「令和元年房総半島台風」（暴風の台風）の予報はどうだったか

さて、冒頭でふれた令和元年房総半島台風（15号）に話を戻しましょう。図1-10は、上陸4日前の予報進路と、実際にたどった進路および中心気圧の変化です。2つの図を比較すると、非常に精度よく予測していたことがわかります。

この図の「予報円」とは、台風の中心が進むと予想される範囲を表し、予報円が小さいほど予報の精度が高いことを示しています。実際に台風が進んだ進路は、予報円の中心を結ぶ線に極めて近いもので、太平洋の遥か彼方から東京湾を狙って投げたボールが放物線を描いて見事放り込まれたようにも見えます。

また台風15号は、予報したとおりに過去最大級の強さをもつ台風に発達しました。図1-8のカテゴリでは、「猛烈な台風」にあたります。中心気圧が低いほど台風は強く、上陸直前の955hPaが強さを物語っています。図1-11(a)の気象衛星画像の台風の目がきれいにまとまっていることからも、

中心付近の目の壁雲直下で暴風が吹いていることがうかがえます。

　9日早朝には三浦半島付近を通過して東京湾に入り、午

(a)上陸4日前の予報進路

(b)実際の進路

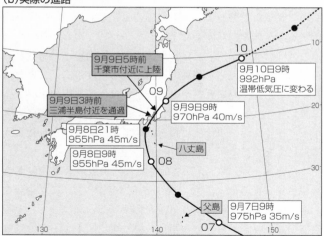

図 1-10　令和元年房総半島台風（15号）の進路

前5時前に強い勢力を保ったまま千葉市付近に上陸しました。この台風にともなって伊豆諸島や関東地方南部を中心に猛烈な風と雨に見舞われました。千葉市では最大瞬間風速

(a) 気象衛星画像

(b) 気象レーダー画像

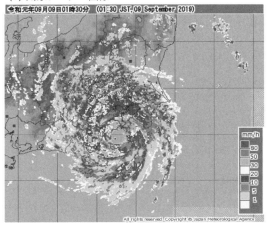

図 1-11 令和元年房総半島台風（15号）の雲や雨

57.5 m/sを観測するなど多くの地点で観測史上1位を記録する暴風となりました。

暴風によって、千葉県では送電塔の倒壊などで1週間以上にもわたる停電が各地で発生し、テレビが見られず、また電話や通信回線の不通が起きて、行政から住民への情報伝達が途絶し、逆に行政側も地域のようすが把握できませんでした。現代の電力を基盤とする社会の虚を衝かれました。

また、南房総ではあちこちで屋根瓦が剥がれ、青いビニールシートで補修された姿が連日テレビで流れました。さらに千葉県内の観光リゾート施設や店舗も大きな被害を受け、野菜や花卉栽培のビニールハウスが吹き飛ばされ、君津市の石油コンビナートで燃焼放散塔が倒壊しました。筆者（古川）が住む茨城県鹿嶋市でも30時間を超える停電が発生し、テレビはもちろん、エアコンや冷蔵庫が使えず、近隣の住民もこれまで経験したことのない不安な夜を過ごしました。また、日本原子力研究開発機構大洗研究所の冷却塔が倒れました

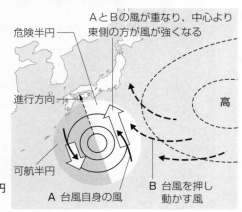

図1-12
台風の危険半円
と可航半円

AとBの風が重なり、中心より東側の方が風が強くなる

危険半円

進行方向

可航半円

高

A 台風自身の風

B 台風を押し動かす風

が、環境には影響はないと発表されました。

　ところで、東京湾の内部へ進んだ台風15号が、主に進路東側の千葉県房総地方に暴風の被害を及ぼしたのはなぜでしょうか。ここで台風にともなう風の分布についてふれておきます。指向流の考え方が成り立つ場合、台風は、自身は左巻きの風を吹かせながら、周囲の風に流されるように進むことから、両者の風が加算的となり、図1-12に示すように、進行方向の右側では強くなり、左側では弱くなります。

　ちなみに船舶の運航では、右側を「危険半円」、左側を「可航半円」と呼び、進路予報を参照して可航半円に向かって舵を取ります。

　台風15号の中心（台風の目）が東京湾を進んだため、台風の目の周囲の壁雲が房総半島を通過しました。壁雲の下は最も風速が大きくなるエリアです。それに加えて房総半島は、危険半円に入ったことで大きな風害を受けたと考えられます。

「令和元年東日本台風」（大雨の台風）の予報はどうだったか

　10月5日、日本の遥か南東の熱帯の海上、北緯15度、東経165度付近で熱帯低気圧が発生して西に進み、6日に台風19号となりました。台風発生時の5日先までの予報では、上陸の可能性はまったく不明でした。

　しかし、上陸3日前の9日15時発表の図1-13(a)を見ると、予報円の半径も小さく絞られ、関東地方を目指していることがわかります。実際の経路図と見比べると、前項の台風15号と同じく、進路予報が非常に的確であったことがわかりま

す。

　この台風19号の特徴は、図1-14の衛星画像およびレーダー

（a）上陸前の予報進路

（b）実際の進路

図 **1-13**　令和元年東日本台風（19号）の進路

画像で見られるように、台風の北側に雨域が広がっていることです。

(a) 気象衛星画像

(b) 気象レーダー画像

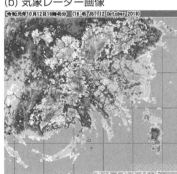

(c) 大雨特別警報が出た13都県

図1-14　令和元年東日本台風（19号）の雲や雨

台風本体の発達した雨雲や台風周辺の湿った空気の影響で、静岡県や新潟県、関東甲信地方、東北地方を中心に広い範囲で記録的な大雨となりました。10日からの総雨量は神奈川県箱根町で1000 mmに達し、関東甲信地方と静岡県の17地点で500 mmを超えました。

　このような記録的な大雨により、気象庁は12日午後から13日未明にかけて13都県に「特別警報」（次節で解説）を発表しました（図1-14(c)）。予報課長が何度も記者会見を行い、昭和33年の大水害で1200名を超える犠牲者を出した「狩野川台風」を引き合いに、厳重な警戒を呼びかけました。これだけ広範囲に特別警報が出されたのは異例のことです。

　台風19号で特筆すべきことは、長野県の千曲川、福島県の阿武隈川、茨城県の那珂川などが決壊・氾濫して住宅地域への大規模な浸水が発生し、100名を超える犠牲者を出したことです。その主な原因は、大雨が収まって、ほとんどの人が眠りについた数時間後から、河川の決壊と浸水が起きたため、避難が遅れたことであると考えられます。

　一方、この大雨で関東や東北地方の交通網が寸断されて、多数の村落が孤立しました。鉄道も各地で被害を受け、例えば、長野新幹線車両センター（長野市）で120車両のすべてが水没したことは驚きでした。また、箱根登山鉄道ががけ崩れで不通となり、さらに高尾山や秩父山系の登山道も土砂崩れなどで閉鎖されるなど、観光にとっても大きな打撃となりました。

　この地域に限らず各地の山間部で起こった土砂崩れにより登山道も破壊され、2年経った本書の出版年時点でも復旧されていないところが数多く見られます。毎年こんな豪雨に見

舞われたら山地は削られ、登山道という観光資源（日本の自然の宝）は成り立たなくなってしまう——地球温暖化による豪雨の増加は、そんな声さえ聞こえさせてきます。

台風19号では、台風の上陸前から、台風の北側を中心に大雨に見舞われました。宇宙から見た台風の雲は、中心から周囲にのびる渦巻き状の腕（スパイラルバンド）をもっており、台風を取り巻く何本かの降水帯を形成します。この降水帯が陸域にかかると、地形の影響を受けて、山沿いなどで上昇気流が強まって大雨となることが度々あります。実際、前述のように非常に多くの都県を対象に、大雨についての特別警報が出されました。残念なことに台風の通過後の深夜にも中小河川が決壊し、台風本体が去って大部分の人が床についたころに浸水を発生させたため、多数の犠牲者を出してしまいました。

指向流では予想できない迷走台風の進路

本章でとりあげた令和元年の2つの非常に強い台風の例では、発生してから日本に上陸するまで、右へなめらかに曲がるカーブを描き、予想進路と実際の進路は一致していました。このような進路は日本に接近する台風に典型的なもので、本章で解説した指向流の考え方で、高層天気図を人が解析しても予想できそうです。

そこで、現在のコンピュータによる数値予報がどのくらい正確かわかるように、「迷走台風」と呼ばれる台風の進路予報を紹介します。

図1-15（a）は、紀伊半島から上陸したあと西へ進んで九州を南下して海に出た台風が、その後どのように進むか予報し

(a) 実際に1回転する前の進路予報

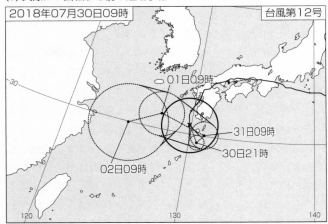

2018年07月30日09時　　　　　　　　　　台風第12号

01日09時

31日09時

30日21時

02日09時

(b) 実際の進路

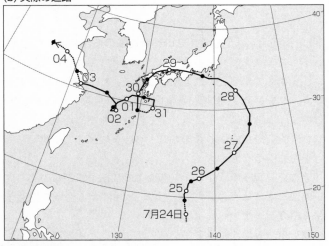

04

03

30

29

01

31

28

02

27

26

25

7月24日

図1-15 特異な進路をとる台風の進路予報と実際の進路

たものです。やや見にくいですが、九州の南で反時計回りに回転しそうな進路が予報されています。図の (b) で実際の進路を確認すると、九州から海上へ出た後、反時計回りにくるっと1回転して西へ進み、予想が見事に的中しました。

　このような特異な進路は、高層天気図を人が解析しても予想することはできません。しかし、現代では、台風の進路予報は本書後編で解説するコンピュータの数値予報によって出されています。迷走台風の進路予報を通じて、数値予報ならではの予報の実力が実感できるでしょう。

4 地球温暖化と台風の強靱化

特別警報とは何か？

　前述の台風で出された**特別警報**は、予報された雨や風などが異常に強い場合、重大な災害の起こるおそれが著しく大きいことを警告する防災情報です。創設され運用が始まったのは、比較的最近の平成25年（2013）です。

　どうしてそれまでもあった注意報・警報に加えて「特別警報」を創設することになったのでしょうか？　そのきっかけのひとつは、大津波をもたらした東北地方太平洋沖地震（東日本大震災）でした。気象庁は大津波警報を発表しましたが、必ずしも住民の迅速な避難に繋がらなかった例があったからです。また、平成23年（2011）台風第12号が大雨災害をもたらした際にも、気象庁は警報により重大な災害への警戒を呼びかけたものの、災害発生の危険性が著しく高いことを有効に伝える手段がなく、関係市町村長による適時的確な

避難勧告・指示の発令や、住民自らの迅速な避難行動に必ずしも結びつかなかったこともきっかけのひとつです。大規模な自然災害が頻発し、警報以上の注意を喚起する制度が必要になったのです。

　特別警報は、警報の発表基準をはるかに超える現象に対して発表されます。例えば、「伊勢湾台風」（第2章3節）の高潮、「平成23年台風第12号」の豪雨などは、警報の発表基準をはるかに超える現象となりましたから、これからこのクラスの台風が接近上陸する際は特別警報が出されるでしょう。

　「〇〇特別警報」という名称で発表するのは、大雨、暴風、高潮、波浪、大雪、暴風雪の6種類です。津波については、もともと「津波警報」に加えて、3〜5mの津波が予想される場合の「大津波警報」があったため、特別警報への名称の変更は見送られるかわりに、「巨大な津波」などの表現が使

表 1-1　気象に関する特別警報の発表基準

現象の種類	基　　準	
大雨	台風や集中豪雨により**数十年に一度の降水量となる大雨**が予想される場合	
暴風	**数十年に一度の強度の台風や同程度の温帯低気圧により**	**暴風が吹く**と予想される場合
高潮		**高潮になる**と予想される場合
波浪		**高波になる**と予想される場合
大雪	**数十年に一度の降雪量となる大雪**が予想される場合	
暴風雪	**数十年に一度の強度の台風と同程度の温帯低気圧により雪をともなう暴風が吹く**と予想される場合	

われることになりました。大津波警報は、特別警報と同じく重大な災害の起こるおそれが特に高い自然現象を警告するものです。

　気象に関する特別警報の出される基準は、表1-1のようになっています。統計的に「数十年に一度の強さである」としており、言い換えると、長年生きてきたお年寄りでも「こんなことは初めてだ」ということが基準であるともいえます。つまり一人ひとりのそれまでの人生における経験に基づいて行動すると、不十分な対応しかできないということです。

　特別警報が出たら「重大な危険が差し迫った異常な状況」であると認識し、「特別な備え」をしたり「避難行動」することが必要です。特別警報を出す具体的な降水量などは、過去の気象データをもとにして、市町村ごとに基準が細かく設定されています。

表1-2　警戒レベルと避難情報・気象情報

警戒レベル	住民がとるべき行動	市町村による避難情報の種類	警戒レベルに対応する雨の気象情報
5	命の危険 直ちに安全確保	**緊急安全確保**	**大雨特別警報**
警戒レベル4までに必ず避難する必要がある			
4	危険な場所から 全員避難	避難指示	土砂災害警戒情報
3	危険な場所から 高齢者等は避難	高齢者等避難	大雨警報 洪水警報
2	自らの避難行動を 確認	―	大雨注意報 洪水注意報
1	災害への心構えを 高める	―	早期注意情報

※令和3年8月現在。今後改定される可能性があるので、最新の情報を確認して行動する必要がある。

気象庁の注意報や警報、特別警報の発表にともない、行政機関から住民へ出される「避難情報」は、表1-2のように5段階の警戒レベルに分けられています。大雨特別警報が出されるときは、警戒レベル5の**緊急安全確保**に相当します。

　緊急安全確保は、何らかの土砂災害や浸水害がすでに発生している可能性が極めて高く、命の危険にさらされていることを知らせています。直ちに命を守る行動をとる必要があります。ですから、警戒レベル4の「避難指示」が出たら必ず避難しなければなりません。

　警報や特別警報が発表されると、避難行動のほか、交通機関が運行を取りやめるなど、社会・経済活動に大きな影響を与えます。ですから、特別警報は出されたけれども実際の雨や風が予報したほどでなかった場合、社会から疑問の声があがることもありました。

　気象庁は、特別警報を出す法的な権限をもつので、責任は重大です。万が一の誤報の場合には、内容を訂正する続報を直ちに発信するとともに、誤報の影響が拡散しないよう最大限の措置を取ることになっています。適切に特別警報を出すには、天気予報の精度向上への不断の取り組みが必要です。

何が台風の強靱化をもたらすのか

　ここで取り上げた2つの台風を含めて、近年、台風にともなう風や雨が激しくなっており「強靱化」と呼ばれています。このような強靱化は、台風だけでなく、ハリケーンやトロピカル・サイクロンでも見られる現象で、地球温暖化による気温と海水温の上昇によるものと考えられています。

　これまでは、年が変わっても、毎年同じ季節が巡ってくる

ことが、誰しも当然と思っていました。世界中の科学者と政府が地球温暖化の予想と対策を話し合っている「気候変動に関する政府間パネル（IPCC）」では、現状分析や予測を更新しており、2013～14年の第5次評価報告書（レポート）では、世界全体の平均地上気温を約100年間のスパンで眺めたとき、年ごとの変動はあるものの、全体では右肩上がりに上昇しており、日本でも同様であることが示されています。世界の上昇幅は1℃程度ですが、日本では1.5℃です。

　1℃というとわずかにも感じられますが、家庭で石油ストーブやエアコンで部屋を暖めるときの空気の質量を、大気全体と対比してみれば、この上昇に必要な熱エネルギーがいかに莫大であるかが想像できると思います。

　気温の上昇は、海水など水の蒸発量の増大をまねき、大気中の水蒸気量が増えます。温暖化の原因は、産業革命以来の石炭や石油という地下資源の燃焼による大気中の二酸化炭素の増加ですが、実は二酸化炭素そのものの温室効果はそれほど大きいものではありません。

　二酸化炭素の温室効果でわずかに気温が上がったとき、空気中の水蒸気量もわずかに増えます。水蒸気の温室効果は二酸化炭素のそれよりもずっと大きく、水蒸気量の増加によって温室効果が強化され、気温上昇幅が大きくなります。この気温上昇によりさらに水蒸気量が増えるという「正のフィードバック」がはたらいています。気温上昇による水の蒸発量増加は制御不可能なので、人類の活動によって発生する二酸化炭素など他の温暖化ガスが問題にされているのです。

　さて、温暖化は海中にも及んでおり、すでに700 mを超える深さの水温も上昇しています。海面付近だけでなく深いと

ころまでも温度が上がっていることは、台風の発達に大きな影響を及ぼします。海面表層の温度だけが高い場合、台風の暴風で海面付近がかき混ぜられると、少し深いところの冷たい海水と混ざって海表面の温度が低下し、台風の発達が抑制されます。しかし、海中の深いところまで水温が上がると、暴風によってかき混ぜられても海表面の温度があまり低下しないので、発達を続けやすいのです。このような現象は、台風と海洋が互いに影響をおよぼし合う**台風海洋相互作用**と呼ばれる現象の一つです。

IPCC の報告書では、「今世紀末までの世界平均気温の変化は、0.3 〜 4.8℃ の範囲に、海面水位の上昇は 0.26 〜 0.82m の範囲に入る可能性が高い」と指摘しています。

このような地球規模の温暖化の原因は、産業革命以来の石炭や石油という地下資源の燃焼による大気中の CO_2 の増加によることは、IPCC のレポートでも指摘されています。

日本周辺海域の海面水温を見てみましょう。図 1-16 は、日本近海の海面水温の分布を示していますが、台風の発達に好都合といわれる、27℃ もしくは 28℃ 以上の領域が広範囲に広がっています。図にグレーで示した 28℃ 以上の領域は、10 月 9 日になっても本州のすぐ南まで広がっています。このような海面水温の高さは、当然、水蒸気を台風に補給し続けて、凝結熱を放出し、台風の勢力の維持・発達に寄与したことはまちがいありませんし、今後も続くと思われます。

近年の台風の強靱化について、こんな比喩が成り立つかと思います。台風を自然の巨大なエンジンに見立てると、その燃料は暖かい海面上の水蒸気をふくむ空気だが、いつの間にかその燃料が、レギュラーガソリンから（水蒸気をもっと豊

(a) 2019年8月の月間平均海面水温

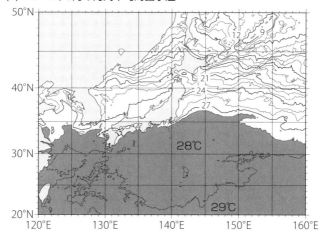

(b) 2019年10月9日(台風19号発達時)の海面水温

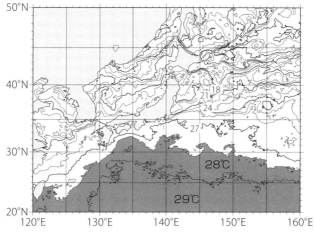

図 1-16 日本近海の海面水温分布

富に含んだ）ハイオクガソリンへと変化してしまったようだ
と──。

5 線状降水帯と集中豪雨

　気象災害をもたらすのは、台風だけではありません。近年、
集中豪雨の際に発生することの多くなってきた特殊な積乱雲
のクラスターについても見ていきます。

🔑 多発する線状降水帯

　特別警報が出されるような記録的な大雨のとき、**線状降水
帯**と呼ばれる現象がよく見られるようになりました。

　線状降水帯とは、次々と発生する発達した積乱雲が列をな
して組織化し、数時間にわたってほぼ同じ場所を通過または
停滞することでつくり出される強い降水をともなう雨域の
ことです。線状にのびる長さは 50 ～ 300 km 程度、幅 20 ～
50 km 程度の広がりをもっています。

　2020 年の梅雨に起こった「令和 2 年 7 月豪雨」もその一
つです。7 月 3 日から 8 日にかけて、大陸から九州付近を通っ
て東日本にのびる梅雨前線の活動が非常に活発で、西日本や
東日本で大雨となり、特に九州では 4 日から 7 日は記録的な
大雨となり「熊本豪雨」とも呼ばれました。

　また、岐阜県周辺では、6 日から激しい雨が断続的に降り、
7 日から 8 日にかけて記録的な大雨となりました。気象庁は、
7 県に大雨特別警報を発表して、最大級の警戒を呼びかけま
したが、多くの地域で浸水や土砂災害が起こりました。

　その後も前線は本州付近に停滞し、西日本から東北地方の広い範囲で雨の降る日が多く、特に13日から14日にかけては中国地方を中心に、27日から28日にかけては東北地方を中心に大雨となりました。この年7月のこれらの豪雨全体を「令和2年7月豪雨」と総称しています。7月3日から7月31日までの総降水量は、多い所で2000 mmを超えたところがあり、多くの地点で24、48、72時間降水量が観測史上1位の値となりました。

「令和2年7月豪雨」の中でも、「熊本豪雨」をもたらした九州での線状降水帯のようすを見たいと思います。図1-17は、7月4日午前5時に熊本県と鹿児島県に大雨特別警報が発表された直後の「解析雨量」です。

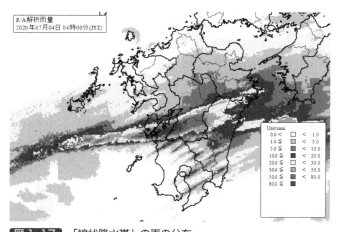

図 1-17 「線状降水帯」の雨の分布
（2020年7月4日4時、九州地方の1時間解析雨量）
モノクロにしたため見分けにくいが帯状の降水域の中心部でもっとも雨量が多く、1時間に50 mmを超え、80 mm以上も見られる。

解析雨量というのは、気象レーダーの観測データに加え、アメダスなどの雨量計のデータを組み合わせて、1時間の降水量分布を1km四方の細かさで解析したものです。雨量計の観測網にかからないような局所的な強雨も把握することができるので、的確な防災対応に役立ち、気象庁のWEBページでも常に公開されています。

　この解析雨量の画像を見ると、九州の中部に雨の強い領域が東西にのび、線状になっていることがわかります。この形状が線状降水帯の名称の由来です。

　図1-18は同じ日の天気図です。前線上の九州のあたりに低気圧があり、等圧線の間隔が狭くなっています。等圧線の間隔が狭いことにより、南西から入る気流が強いであろうことが推測されます。また、このとき、九州の南や西の海域の海面水温が高かったこともわかっています。

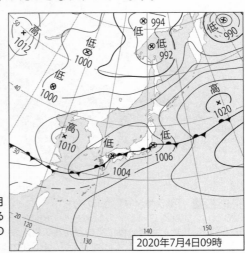

図 1-18
令和2年7月
豪雨における
「熊本豪雨」の
天気図

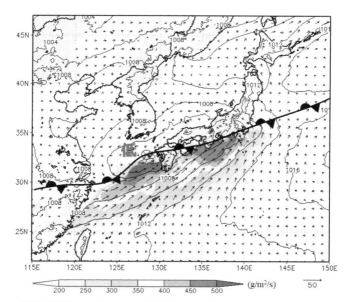

図 1-19　令和2年7月豪雨時の水蒸気の流れ（7月3日）

気象庁メソ客観解析による 950 hPa 面（高度 500m 付近）の水蒸気流入量（グレー部分）と風の分布。グレーのもっとも濃い部分は 500g/m²/s の流入量。

　図 1-19 は、この日の水蒸気の流れを分析した図で、湿った気流が低層で前線に流れ込んでいることがわかります。

通常の雷雨の構造

　線状降水帯の原因となる雨雲は、積乱雲の集団です。通常の積乱雲の集団と、線状降水帯の積乱雲の集団は、何が違うのでしょうか。始めに通常の積乱雲の集団による雷雨につい

て見てみましょう。

　積乱雲の集団によって起こる雷雨を**集団性雷雨**といいます。集団性雷雨には、集団のでき方が異なるいくつかの種類がありますが、図1-20(a)に示したのは、**マルチセル型**と呼ばれる、よく見られる種類の集団性雷雨の構造です。「セル」というのは、雷雨をもたらす積乱雲1個を示し、「マルチセル」は「多重セル」の意味です。

　マルチセル型の発達した集団性雷雨では、強い雨や雹（ひょう）、突風などが生じ、天候の急変をもたらすので、近年では**ゲリラ豪雨**などと呼ばれることも多いです。大気が不安定なときなどによく発生する集団性雷雨です。

　1つの積乱雲（セル）は、「成長期」「成熟期」「減衰期」の3つの段階があり、「成長期」で雲が発達、「成熟期」で激しい雨になります。成熟期の激しい雨のときは、降水と一緒に冷たい下降気流が生じ、この冷たい下降気流が地上にぶつかって周囲に広がり、**ガストフロント**と呼ばれる局地的な前線を形成します。

　ガストフロントの冷気は、地上にあった暖かい空気の下に潜り込んで持ち上げるので、上昇気流を発生させ、新たなセルをつくります。このように、積乱雲が発生させるガストフロントによって周囲に新たなセルをつくり、積乱雲の集団となったものが一般的な集団性雷雨です。

　加えて、マルチセル型の場合は、新たなセルが生じる場所が、決まった方向——図1-20(a)では白い矢印で示した左の方——へと進んでいきます。「成長期」「成熟期」「減衰期」の3つのセルが順序よく並ぶことで、一定方向に生成と消滅を順序よく繰り返し、ある程度の持続性のある雷雨をもたら

(a) 一般的な集団性雷雨（マルチセル型）の構造

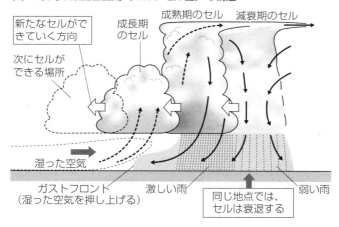

新たなセルができていく方向

次にセルができる場所

成長期のセル

成熟期のセル　減衰期のセル

湿った空気

ガストフロント（湿った空気を押し上げる）

激しい雨

同じ地点では、セルは衰退する

弱い雨

(b) 線状降水帯（バックビルディング型）の構造

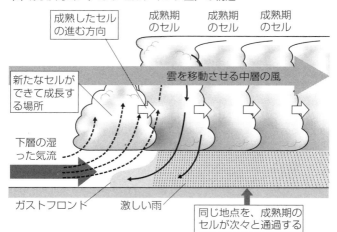

成熟したセルの進む方向

成熟期のセル　成熟期のセル　成熟期のセル

新たなセルができて成長する場所

雲を移動させる中層の風

下層の湿った気流

ガストフロント

激しい雨

同じ地点を、成熟期のセルが次々と通過する

図 1-20　マルチセルと線状降水帯の構造の違い

します。ただし、激しい雨の降る領域は常に移動していくので、雨が激しくても長時間になることはありません。セル1個が激しい雨を降らせる成熟期は30分程度です。みなさんも、ゲリラ豪雨と呼ばれるような激しい雷雨を経験しても、30分程度であったことが多いのではないでしょうか。

線状降水帯の構造

線状降水帯は、発生の条件や構造などの詳しい解明はいまだ実現しておらず、研究中となっていますが、低層と中層の風向の違いでいくつかのタイプに分けられることがいわれています。ここでは、**バックビルディング型**と呼ばれている構造を取り上げます。図1-20(b)もそれを示すものです。

線状降水帯の形成のポイントは、

① 大気下層に湿った気流の流入が続いていること、

② その気流が1か所で上昇すること、

③ 大気が不安定であること、

④ 中層に雲を押し動かす強い風があること、

です。

図1-20(b)では、湿った気流を上昇させる1か所は、ガストフロントがその役割をしています。いったんこのような構造ができると、線状降水帯の構造は持続します。図の左側で発生し、成長したセルは、中層の風で即座に右の方へ移動し、そのセルから吹き出したガストフロントが、左側に新たなセルを発生させます。セルは常に右へ移動するので、同じ場所で新たなセルが発生し続け、成熟したセルが次々に同じ場所を通過していくことになります。

マルチセル型と大きく異なるのは、激しい雨の降る持続時

間です。地上の固定した地点での降水を見ると、マルチセル型では頭上のセルはやがて衰退していくので、激しい雨の持続時間は 30 分ほどです。しかし、バックビルディング型線状降水帯では、頭上のセルは移動していき、激しい雨を降らせる成熟したセルが次々に通過します。激しい雨の持続時間は数時間以上にもなります。

　湿った下層の気流が 1 か所で上昇するには、図 1-21（a）のように地形がきっかけになることや、図には示していませんが下層で複数の気流がぶつかって収束・上昇することがきっかけになることがあるようです。

　また、図の（b）のように前線面のある 1 か所で湿った気流が上昇し、それが前線に沿って吹く中層の風に流されて移動する例も見られます。この場合は、下層の湿った気流の風向と、中層の風向はやや斜めの関係になる構造です。この場合はバックビルディング型には分類されないかもしれません。下層の湿った気流と中層の風が直交する場合については、

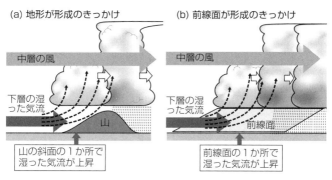

図 1-21　線状降水帯形成のきっかけ（地形、前線面）

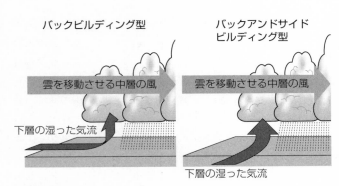

バックビルディング型　　　バックアンドサイド
　　　　　　　　　　　　　　　ビルディング型

雲を移動させる中層の風　　　雲を移動させる中層の風

下層の湿った気流

下層の湿った気流

図 1-22　バックビルデュング型とバックアンドサイドビルディ
ング型の風向の違い

バックアンドサイドビルディング型と呼ばれています（図
1-22）。斜めの角度の場合は、バックビルディング型との中
間型なのでしょう。

　線状降水帯の先頭部分１か所で気流の上昇が起こるきっか
けは、地形や前線がかかわっていることがあることにふれま
した。しかし、そのどちらでもない、海上で線状降水帯が発
生している例も見られ、詳細はまだ解明しきれていないよう
です。

雨の強さのイメージ

　線状降水帯の雨は、ゲリラ豪雨のようなバケツをひっくり
返したような激しい雨——あるいは滝のように降る非常に激
しい雨、さらに息苦しくなる圧迫感や恐怖がある「猛烈な雨」
が、短時間ではなく、長時間にわたって降り続ける非常に危
険な現象です。

表1-3　1時間雨量と雨のイメージ（気象庁資料を要約）

予報用語	1時間雨量（mm）	イメージ	人への影響や災害
やや強い雨	10以上〜20未満	ザーザーと降る。	地面一面に水たまりができる。この程度の雨でも長く続くときは注意が必要。
強い雨	20以上〜30未満	土砂降り。	傘をさしていてもぬれる。道路が川のようになる。側溝や下水、小さな川があふれ、小規模の崖崩れが始まる。
激しい雨	30以上〜50未満	バケツをひっくり返したように降る。	山崩れ・崖崩れが起こりやすくなり、危険地帯では避難が必要。都市部では下水管から雨水があふれる。
非常に激しい雨	50以上〜80未満	滝のように降る。	傘はまったく役に立たない。都市部で地下街に雨水が流れ込む場合がある。マンホールから水が噴出。土石流などが起こりやすい。多くの災害が発生。
猛烈な雨	80以上	息苦しくなる圧迫感。恐怖を感じる。	雨による大規模な災害の発生するおそれが強く、厳重な警戒が必要。

　「猛烈な雨」という言葉を使いましたが、「激しい雨」「猛烈な雨」など天気予報でよく聞く言葉は、気象予報士の主観で形容詞をつけているわけではなく、表1-3に示す基準があり、適切に使い分けをしています。これによると「猛烈な雨」は、1時間雨量が80mm以上で「息苦しくなる圧迫感と恐怖を感じる」雨です。

なぜ多発するのか

　線状降水帯の形成の条件の1つは、大気下層に湿った気流

の流入が続くことであることはすでに述べました。近年の線状降水帯の多発は、地球温暖化による海水温の上昇と関連が深いと考えられ、台風の強靱化とも共通しています。

　また、下層の湿った気流が日本に入る状況は、梅雨の末期などによく見られます。夏の太平洋高気圧がまだ日本列島を覆いきれておらず、高気圧の西の端を回る気流が、日本に流れ込みやすくなります（図1-23）。

　高気圧の中心は下降気流があり空気は乾燥していますが、周辺部では、海水温の高い海面を吹きわたることで湿った空気に変質します。特に、高気圧の周辺部は下降気流がないので、海面を長い距離に渡って吹きわたり、非常に湿った気流となります。この湿った気流は、前線の活動を活発にさせたり、線状降水帯を発生させたりして、集中豪雨の原因となるのです。

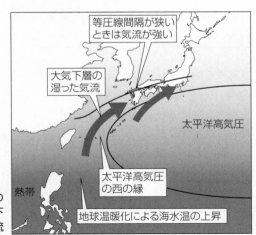

図1-23
太平洋高気圧の西の縁を回る下層の湿った気流

第2章

気象台も気象レーダーも
ないころの気象災害

前章で見たように、現代では、台風が日本から遥かに離れた海上で発生したときから警戒して備えることができます。ここではいったん時代を中世まで遡り、遠く離れた海上の台風の発生など知るよしもなく突然やってくる未知の嵐であった時代から、近代までを振り返ってみましょう。

1 平安時代から江戸時代の　　　　　台風の記録

🔑 平安時代・鎌倉時代の「野分」

　平安時代の『源氏物語』の中では、秋の嵐の襲来は「野分（のわき）」という名前で描かれました。「野分」は『源氏物語』54帖の巻名のひとつ（第28帖　野分）にもなっています。光源氏36歳の秋の話——現代文では次のような内容です。

> 　今年の野分の風は例年よりも強い勢いで空の色も変わるほどに吹き出した。……中略……この野分にもとあらの小萩（はぎ）が奔放に枝を振り乱すのを傍観しているよりほかはなかった。枝が折られて露の宿ともなれないふうの秋草を女王（にょおう）は縁の近くに出てながめていた。……中略……「年寄りの私がまだこれまで経験しないほどの野分ですよ」とふるえておいでになった。大木の枝の折れる音などもすごかった。家々の瓦（かわら）の飛ぶ中を来たのは冒険であったとも宮は言っておいでになった。……中略……荒い野分の風もここでは恋を告げる方便に使われるのであった。
>
> 　　　　　　　　　　　　　　（与謝野晶子による訳）

　このような訳文が示されるとき、「野分（台風）」のように注釈がされることが多いようです。「野分」は、野原の草をくっきりと吹き分けたようすの表現であり、強い風を指すのでしょう。また、時代は異なりますが、松尾芭蕉の「吹飛ばす石は浅間の野わきかな」でも秋の季語として使われており、石を吹き飛ばすくらいなのですから、秋に上陸した台風による嵐を指している可能性は高いでしょう。しかし、台風そのものは知られていない時代ですから、秋の時期に吹く暴風は温帯低気圧によるものでも、晩秋の強い木枯らしでも区別していなかったかもしれません。

　鎌倉時代では、「弘安の役」でモンゴルの艦船が日本列島に襲来したとき、その多くが対馬近海で遭難したことから「神風が吹いた」と言われている出来事が有名です。艦船を遭難させたのは、台風に遭遇したためと一般に考えられています。とはいえ、気象観測記録が残っているわけではありません。

🔑 江戸時代の「大風」

　江戸時代になると、気象現象に関してもっと多くの記録が残され、「大風」とか「颶風（ぐふう）」と呼ばれる記録も見られます。その中でも特に有名なのは、関東地方を襲った安政3年のもので、非常に強い勢力を保ったまま伊豆半島付近から江戸の西側を通過した台風であると考えられています。江戸湾（東京湾）は猛烈な南風で高潮と洪水が発生しました。被害は江戸をはじめ、関東の広い範囲に及び、約10万人もの死者を出したといわれています。

　また、1828年9月17日（旧暦文政11年8月9日）に九

州地方に襲来してシーボルト事件のきっかけとなった台風は
「子年の大風」と呼ばれましたが、のちにシーボルト台風と
も呼ばれるようになりました。シーボルト事件は、日本に滞
在中だったドイツのシーボルトの乗った船が「子年の大風」
によって座礁し、その船の修理の際に国外に持ち出そうとし
ていた日本地図が発覚した事件です。

　江戸時代の末期になっても、台風についての組織的な観測
記録はなく、台風全体の構造も理解されていませんでした。
雲が渦を巻いた姿など知るよしもありません。もちろん天気
図もありません。台風は突然襲来し、人々はただ恐れおのの
くばかりで、手の施しようはありませんでした。

経験則、ボイス・バロットの法則

　このころ西洋では、北太平洋領域のハリケーンについての
観測データが集積されてきており、1857 年にオランダの気
象学者ボイス・バロット（Christophorus Buys Ballot）によ
り「風の吹いてくる方向を背にして立ったとき、北半球では
左手前方に低気圧の中心があり、南半球では右手前方に低気

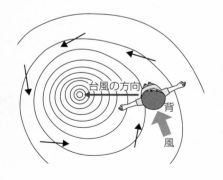

図 2-1
ボイス・バロットの法則
風の吹いてくる方向を背
にして立ったとき、北半
球では左手前方の方向に
低気圧の中心がある。

圧の中心がある」という判断方法が示され、航海に実用されていました。「ボイス・バロットの法則」と呼ばれるこの法則は、図 2-1 に示すように、台風周囲の等圧線に 30 度くらいの角度で風が吹いていると考えると、理屈が理解できます。

2　日本の気象台の始まり

東京気象台の創設

明治初期に創設された「東京気象台」初代の台長、荒井郁之助は、気象学なるものが日本に入ってきて「晴雨計」（気圧計のこと）などの道具が人々の目にふれたのは、安政 2 年（1855）が初めてであると記しています。

当時、幕府はオランダから献上された船舶で、海軍の伝習を行っていましたが、その船の備品の中に、後で触れる水銀晴雨計（水銀気圧計の別称）、空ごう晴雨計（アネロイド気圧計の別称）、寒暖計、乾湿計があり、航海日誌には天気、風力、気圧、寒暖、乾湿の観測値が記入されていました。荒井台長は、この時初めて、気象観測の方法などに実地に接したと記しています。このころは、晴雨計の示度が著しく降下すれば、暴風の恐れがあるとして港に避難、あるいは念入りに錨で固定するなどの目安として利用されていました。

その後明治 8 年（1875）、東京府赤坂区葵町 3 番地に東京気象台が創設され、我が国の気象観測が開始されました。実質的な気象観測は、すでに明治 5 年（1872）に北海道の函館気候測量所で行われていましたが、気象庁は明治 8 年 6 月 1 日を気象業務の公式の開始日としています。東京気象台の創

設以降、観測網は国内のほか、朝鮮や台湾などへの展開も進み、日本でも地上天気図が描かれるようになって、ようやく台風の全体像の理解が進みました。

　当初、観測はお雇い外国人であるイギリス人が担当し、その手引きを受けて、1日3回の定時観測が伝習生によって始められました。その後、明治15年（1882）に皇居の一角の北の丸に移転し、大正9年（1920）に大手町近くの竹平町に移転するまで、日露戦争を挟んで約40年間業務を続けました。建物が代官町に位置していたことから「代官町時代」とも呼ばれています。江戸城の天守台があった石垣で囲まれた場所に風の観測塔があり、その石垣は今も皇居の北のお堀にかかる北桔橋を渡ると正面に見ることができます。

　日本で初めての天気予報が行われたのは、気象台が創設されて約10年後の明治17年（1884）6月1日です。全国を対象とした全般天気予報が開始され、予報は東京府内の交番にも掲示されました。明治21年（1888）には天気予報が官報にも掲載され始め、毎日、天気図の印刷が行われました。明治23年（1890）には、それまで内務省地理局の直属機関であった東京気象台は、独立した「中央気象台」としての官制が定められ、前述の荒井が初代の中央気象台長となりました。

世界や日本で初めての天気図

　さて、気象予測を行うためには、天気図は現在でも最も基本的な資料ですが、歴史的にはどのように始まったのでしょうか。

　世界で初めて国家としての天気図作成のきっかけとなったのは、1854年11月、クリミア戦争に参加していた英仏連合

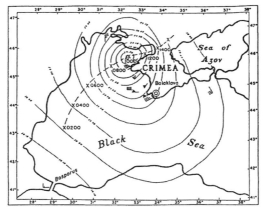

Pressure chart on 14 November 1854 (H. Landsberg, 1954)

図 2-2　世界最初の天気図　（気象庁資料）

艦隊が大暴風に襲われ、鋼鉄製の多くの艦船が沈没した事件
です。フランス政府は、この暴風の予測の可能性の調査をパ
リの天文台長ルベリエに命じ、ヨーロッパの各観測所から
250 通ほどの気象記録を取り寄せ、天気図をつくり、この暴
風がスペイン付近から地中海を通って黒海に進んできた低気
圧によって起こされたことを明らかにしました。

　図 2-2 はその天気図ですが、当初、等圧線は描かれておら
ず、後にデータを解析してこのように描画されました。な
お、ルベリエたちによって日々の天気図が公刊され始めたの
は 1863 年で、その後、世界の文明国がこれにならって気象
事業を本格的に開始することになりました。

　日本での天気図作成は、それから 20 年遅れ、前述の東京
気象台が予報業務を開始した前年の明治 16 年（1883）でした。
その準備を行っていた同年 3 月 1 日付けの天気図では、何と

等圧線は２本だけで、前線などは描かれていません。

　図2-3に掲げたのは、その３か月後の６月１日に初めて一般に向けて発表された天気図ですが、等圧線はまだ３本だけです。予報内容は、「全国一般風ノ向キハ定マリナシ、天気は変ワリ易シ但シ雨天ガチ」と非常に大まかでした。

　なお、最初の天気図はお雇い外国人のクニッピングが作成した天気図で、観測データと予報は和文と英文で記されており、彼の署名があります。天気図作成の担当者は、年を経るにつれて、クニッピングに交じって、後に最初の予報課長となる和田雄治のほか、今日でいえば気象庁の主任予報官級の署名が見られるようになってきます。天気図の解析方法の伝

図 2-3
日本で天気図が作成され始めたころの天気図
（気象庁資料）

授や英文作成などは、まちがいなく英語を通じてなされたのでしょう。また、ペンで書かれた観測データや予報文の清書は、和文はもちろんのこと、英文もペン習字の模範と見まがうほどの達筆で、しかもきちんとした文法にしたがって記されているのには驚くばかりです。

　明治21年には天気予報が官報にも掲載され始め、毎日天気図の印刷が行われました。なお、天気図の大きさや作成の基準時刻などは時代とともに変化してきましたが、現在でも気象庁の図書室には、これまでの膨大な天気図類が保管されています。

3 昭和初期の台風災害

　次に、昭和初期から昭和30年代にかけて来襲し、甚大な被害をもたらした「昭和の三大台風」と呼ばれる「室戸・枕崎・伊勢湾」台風を中心に振り返ります。これらの台風は、現在のような気象レーダーも気象衛星もない時代でした。大阪レーダー（高安山）が日本で初めて稼働し始めたのは、終戦から9年後の昭和29年（1954）です。広域の気象レーダーが稼働するまでは、観測網はすべて地上でしたから、列島から遠く離れた海上の台風をとらえることは困難だったのです。

室戸台風——昭和9年（1934）

　室戸台風は、100年近くも前の戦前のものですが、関西地方に甚大な被害を与えた台風として、今でも語り継がれています。この台風は9月21日午前5時ころ室戸岬付近に上陸

して大阪湾を北上し、暴風によって多くの木造住宅が倒壊し、また高潮などの水害をもたらして死者・行方不明者が3000人を超えました。

　昭和に入ったこの時代でも、依然として、風や気圧、気温、湿度については地上の観測のみであり、また観測点もまばらで、ましてや洋上は観測がほとんど皆無でした。そんな環境の中、中央気象台は次のような台風情報を前日の夜に発表しました。上陸前日の20日21時30分からNHKラジオで放送された「漁業気象」の一部です。

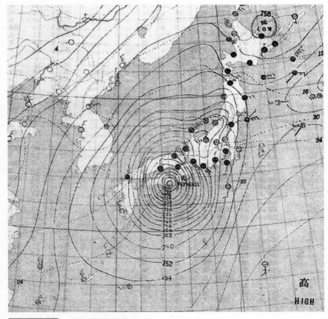

図 2-4　室戸台風の天気図　（気象庁資料）

「台風の中心は、725 mm 程度（約 967 hPa）で、東経 130 度半、北緯 29 度半にあり、中心から 300 km 以内では大暴風雨です。進行方向は北北東で毎時 45 km となっておりますから、このまま進めば、夜半九州の東海上、明朝紀淡海峡か大阪湾あたり、それからしだいに北東に進むでしょう。したがって進路付近の漁船は、最も厳重な警戒を要します。また、進路を外れた地方でも九州、四国、本州全部にわたってすべて相当な警戒を要します」

当時の中央気象台では、この台風が極めて強いものであることは上陸前にわかっていたようです。これまでの統計や経験に基づいて予測を行い、実際の進路もほぼ予想したコースをたどりました。それにもかかわらず大きな災害となった原因は、この台風の中心気圧が上陸時にはさらに下がって 911.6 hPa という、当時では考えられないほど強力なものになったことと、大阪湾で大規模な高潮が発生したことによります。

枕崎台風——昭和 20 年（1945）

枕崎台風は、終戦から約 1 か月後の 9 月 17 日に枕崎市付近に上陸。上陸後の台風は、北東に進み、豪雨によって広島県を中心に土砂災害を発生させ、広島だけで 2000 人を超える犠牲者を出しました。同年 8 月の原爆投下による惨禍に苦しむ広島に追いうちをかけた形になりました。気象観測体制も、いまだ戦後の混乱の最中で整わず、描かれた天気図も観測値が不足して一部が正確ではありませんでした（図 2-5）。

さらに肝心の台風情報を伝達する放送のような手段も十分機能していませんでした。人々にとっては警戒をする時間もなく、まさに突然に台風が襲来したかのようでした。柳田邦男が書いた『空白の天気図』では、原爆被災からわずか1か月後の廃墟の街で、人々はどのような災害に巻き込まれたのか、気象台は何をしていたのか、綿密な取材によって明かされています。

🔑 伊勢湾台風──昭和34年（1959）

　伊勢湾台風は、9月26日18時過ぎ、紀伊半島の潮岬付近に上陸して北東に進み、27日に日本海に抜けましたが、東海地方を中心に、ほぼ全国に甚大な被害を及ぼしました。特に、伊勢湾の沿岸部では高潮によって5000人を超える命が奪われました。

　台風の進路はほとんど蛇行や急変することもなく、図2-6に見るように、なめらかに右にまわる弧を描いて潮岬西方から上陸しました。当時の台風の進路予報は予報円ではなく扇形を用いていましたが、発生から上陸して本州東方海上に抜けるまでの経路はすべて扇形の範囲内に収まっていました。その意味では予測は的確だったといえます。予測の基礎となった観測データは、潮岬測候所における高層観測、剣山測候所（標高約1950 m）、近畿・東海地方の地上観測でした。これらから得られた上層の流れと地上風のデータから、台風の中心および移動状況が時々刻々と把握され、伊勢湾の西方を進むことが確実となり、したがって高潮にも最大級の警戒がなされました。しかしながら堤防があちこちで決壊し、多くの犠牲者を出しました。

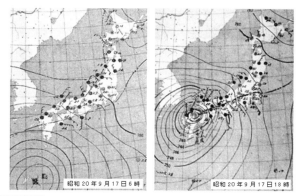

図 2-5 **枕崎台風の天気図**　南九州から低緯度側に観測値がなく、正確に等圧線を引く情報が不足している。（気象庁資料）

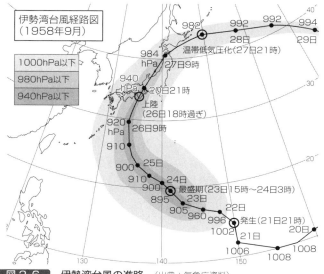

図 2-6　**伊勢湾台風の進路**　（出典：気象庁資料）

4 1960年代の観測・予報現場

第2室戸台風の時代の予報作業

観測システムや予報技術が今日のように十分でなかった時代の観測や予報作業の実態について、「第2室戸台風」襲来時の筆者（古川）の体験を通じて紹介したいと思います。

この台風は昭和36年(1961) 9月16日、室戸岬に上陸し、関西地方を襲いました。筆者はこの台風を大阪管区気象台の観測課で迎えました。およそ半世紀以上も前ですが、気象庁研修所高等部（現気象大学校）を卒業して4月に赴任したばかりで、当時の記憶がいまだ鮮明です。

台風は9月初旬、日本の南東海上で発生した18号で、西進しながらしだいに発達し、14日頃には九州方面に向かうと予想されました。ところが、15日奄美大島を通過した頃から進路を変え、四国から上陸して本州に達することが確実となりました。そして16日、前述した約30年前の「室戸台風」と同じように室戸岬の西に上陸して関西地方を直撃、大阪湾沿岸は高潮や洪水に見舞われました。

上陸に際して、室戸台風級の超大型台風の襲来として大阪を中心に厳戒態勢が敷かれました。大阪管区気象台長の大谷東平は予報課長の斎藤将一たちと陣頭指揮にあたりました。予報課長が自ら予報作業にあたり、地上観測、前述の剣山測候所の風の変化、室戸岬と大阪の気象レーダーなどを用いて、まさに経験に基づいた予測が行われました。当時は現在のようなコンピュータによる予報技術はありませんでしたが、予測は的確で気象警報を出すことも適切に行われました。

　気象台の構内に NHK 大阪や民放テレビの中継車が乗り込み、ライブ映像が流され、騒然となりました。暴風の最中、筆者は雨合羽を羽織って観測に走り回っていました。まさに新人でしたが、時々刻々推移する状況に興奮と緊張を覚えました。

　当時、大阪の気象台は 24 時間の毎時観測、1 チーム 3 人による 3 交代制でした。観測時刻の 10 分前に観測室で「チーン」とベルがなると、風速を測る風程カウンター（風車の回転数をカウントする機器）の数値を読み取り、急いで観測露場へ向かい、百葉箱の扉を開けてガラス温度計と湿球温度計の目盛りを読みます。空の状態を目視で観測し、ついで円筒状の雨量計の底にたまった水（前 1 時間降水量）をビーカーに移し替えて「雨量」を測ります。部屋に戻って 10 分後の風程を記録します。最後に、気圧計がつるされた小部屋で目盛りを読みます。観測机に座って、計算尺で補正値などの計算を行い、手書きで気象電報に仕上げ、電話で通信課に送ります。その後、周囲が暗幕で仕切られた気象レーダーの丸いブラウン管にセロハン紙を張り付けて、エコー（降水域）をスケッチし、概要も電文にまとめ、通信課に送ります。

　そんな最中、こんな一幕がありました。室戸岬測候所から観測課に VHF 無線電話で緊急の呼び出しが入ったのです。「気象大阪、気象大阪、こちらは気象室戸岬、こちらは気象室戸岬、感度ありましたらどうぞ……こちらはあまりにも風が強すぎて、風速を記録するペン先が記録紙の上限を超えてしまいそうだ。対策を乞う」との連絡でした。それに対してこちらからは「風速計の回路に 500 オームの抵抗を付加し、指示風速が 3 分の 1 になるように調整せよ」との指示がなさ

れました。これはつまり、風速を記録している針を電気抵抗によって目盛り幅を小さくする措置です。しかし結局、針が目盛りの外に振り切れてしまい、後日、その風速計を気象庁へ送って調べた結果、最大瞬間風速の公式記録は 84.5 m 以上となりました。

　この台風で、大阪管区気象台・大阪府・大阪市などが共同して防災対策を整え、またテレビなどの報道機関も連携して警戒を呼びかけました。市内の全校で休校措置もとられました。暴風と大規模な高潮と洪水には見舞われましたが、先の室戸台風に比べて犠牲者は格段に少なく、百数十名にとどまりました。特筆すべきは高潮による犠牲者が皆無だったことです。若き日の大谷東平台長の室戸台風の教訓が生かされた例です。

5 富士山レーダーの導入

　日本への台風の襲来をとらえるのに特別な役割を果たしてきた富士山レーダーの導入についてふれておきましょう。

🔑 建設

　富士山レーダーは、着工から 2 年かけ、昭和 39 年（1964）10 月 1 日に試験運用を開始しました。同じ日には東海道新幹線が開業し、また 10 日からは東京オリンピックが開催され、国内は華やいだ空気に包まれていました。この昭和の高度成長期に、富士山レーダーの完成も大きく報道されました。今から半世紀以上も前のことです。

　昭和30年代にはまだ「アメダス」はなく、気象レーダーは最新の電子機器であり、その開発・運用・管理などには、新進気鋭の技術者たちが充てられました。立平良三（後に気象庁長官）もその一人で、名古屋地方気象台のレーダー係長から富士山レーダー係長として東京に呼ばれ、開発にあたりました。

　富士山という高所に設置されることから、監視できる距離が約800km遠方までと大型・高性能でしたが、地球は球形、かつレーダーが高所にあるため、水平に射出されたビームは100kmの遠方では数千mの上空を通過してしまいます。したがって、富士山レーダーではビームの高度角はマイナスにセットし、見下ろすようにしなければなりません。そうすると厄介なことに、ビームが山にぶつかって反射し、さらに海面からの反射も避けられません。このままでは実際の降水による反射（エコーと呼ばれる）と地形エコーが混在してしま

図 2-7　富士山レーダー　（提供：大成建設）

い、区別がつかなくなります。平地のレーダーの場合は、や や上空へ向けてビームを照射するので、このような問題はほ とんどありません。

　しかしながら、地形によるエコーは場所も決まっており、 また反射強度が時間変化をしないことに以前から着目してい た立平は、技術者と協力してテストを重ね、その成果を富士 山レーダーにも取り込みました。この地形エコーを除去する アイディアは「気象レーダー装置」としてのちに特許として

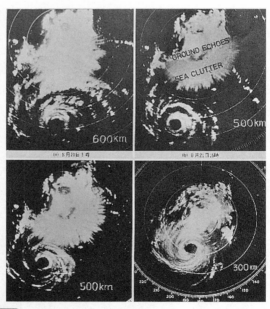

図 2-8　富士山レーダーの初画像　左上の画像では台風の半分 が見え始め、台風の中心までの距離は 600 km。続く画像では全体 をとらえた。(撮影・提供：立平良三)

認められています。

洋上の台風をとらえたレーダー画像

　昭和39年 (1964) 10月1日、電波監理局の試験に合格し、直ちに試用運転に入りました。得られた画像（図2-8）は関係者には予想されたものではありましたが、緊張し興奮させるに十分でした。

　気象レーダー関係者の間には、ちょっとしたジンクスがありました。「新しく気象レーダーを設置するとそれを試すかのように特異気象現象がそこを襲う」というものです。富士山レーダーの場合は、そのジンクスどころか、台風20号が本州に沿って北上しているようすを見事にとらえました。この画像は、台風の見本としてアメリカの気象の雑誌にも掲載されたほどです。右上の画像に "GROUND ECHOES, SEA CLUTTER" とあるのは、それぞれ電波の山岳などの地形および海面からの反射を意味しています。この画像はアメリカの気象レーダーの雑誌にも紹介され、さらに2000年3月には、電気事業史のマイルストーンとして遺産登録されました。

活躍と引退

　富士山レーダーは、日本に接近する台風を約800km遠方から監視することが可能で、平成11年 (1999) に運用を停止するまでの35年間、気象庁の「全国予報中枢」における進路予報作業に大きな力を発揮してきました。監視した台風はおそらく数百個にものぼるでしょう。

　また、昭和56年 (1981) に「レーダーデジタル化装置」が付加されて以降は、台風の監視に加えて降水量の定量化が可

能となり、降水の短時間予測や雷監視にも貢献してきました。なお、デジタル化とは、気象レーダー画像を従来のスケッチ図方式から、デジタルデータに変換することをいいます。

　富士山レーダーは、建設以来、三十有余年にわたって台風の監視という本務の気象業務はもちろん、レーダー気象学と呼ばれる学術研究分野でも大きな貢献をしてきましたが、気象衛星「ひまわり」の出現によって、800km遠方までという広域監視の役割に終止符を打ち、平成11年（1999）に運用を停止しました。役目を終えて解体された後、2001年9月に富士吉田市に移設され、「富士山親水公園」の一角で、在りし日の姿が富士山レーダードーム館として公開されています。

コラム　富士山レーダー建設の『プロジェクトX』

　富士山レーダーには、既存のレーダーとは異なる当時の最新技術が導入されましたが、一方、その建設には幾多の予期せぬ困難と思わぬドラマが待ち受けていました。富士山頂という冬季の酷寒地、工事は夏の間だけ、加えて一年を通しての強風という過酷な条件を克服すべく「天気野郎」（当時は男性ばかりでした）とでも呼びたい関係者らの執念と、それにも劣らない民間の人々の献身的な協働によって完成した偉業の一つとして歴史に残されています。

　かつてNHKは『プロジェクトX〜挑戦者たち〜』の第1回に、このレーダー建設をドラマ化した「巨大台風から日本を守れ〜富士山頂・男たちは命をかけた」を放映し、大きな反響を呼びました。中島みゆきの主題歌『地上の星』とともに記憶に残っ

ている読者もいるかもしれません。

　富士山レーダーの工期中の昭和 38 年（1963）の冬は、「三八豪雪」と命名されたほど、北陸を中心に日本列島は大寒波に見舞われました。その 2 月のある夜、気象庁測器課長の藤原寛人以下の面々は、大手町の気象庁ビルの屋上で望遠鏡をのぞいて、西の地平線の富士山の方向を凝視していました。一方、その 1 週間前には、厳寒の富士山のカチカチに凍りついたアイゼンを拒むような氷面の山肌を一歩一歩、まさに命懸けで頂上にたどり着いた関係者らがすでにいました。気象レーダー部分を受注した三菱電機の技術者とガイドの 7 人の集団です。誰かが滑落したら全員が巻き込まれると、ガイドはザイルを互いに結ばせなかったといいます。また、家族には「これは自分の意思で登るのだから、何があっても決して心配するな」と遺書めいた書き物をしたためた人もいました。

　筆者（古川）は既述の第 2 室戸台風襲来時（昭和 36 年 9 月）に赴任していた大阪から、翌 37 年 4 月に潮岬測候所に転勤になり、38 年の冬は、日夜、高層気象観測などに従事していましたが、こんなプロジェクトが富士山で行われていることは知りませんでした。

　気象レーダーの建設には、延べ 9000 人の人々が動員され、しかも猛烈な風や高山病など多くの困難と戦いながら、ついに富士山という高山の山頂に世界最大の気象レーダーが完成しました。前述の NHK の番組に登場した気象庁の藤原課長とは、山岳小説や歴史小説で名高い新田次郎その人で、測器課長として富士山レーダー建設の責任者を務めました。このときの体験を基にして書かれたのが小説『富士山頂』（1967）で、1970年に映画化されています。

そのドラマをしばらく続けます。

　富士山レーダーには、東京の大手町から 100 km も隔てた機器類のスイッチのオン・オフを行い、レーダーの信号をリアルタイムで大手町に送るという使命が課せられていました。この制御を行うためには、大手町と富士山頂の両方に超短波の電磁波であるマイクロ波用のパラボラアンテナを設けて、両者を正対させ、電波の送受信を行う必要がありました。山頂の火口壁の南西側にある剣ヶ峰には山頂測候所があり、東京の方角とはちょうど反対側に位置しています。地図上で調べても見通しは非常に微妙なところで、正確なことはわかりません。結局、山頂測候所の周辺の数か所で火焔筒を焚き、見通しを確かめることになりました。

　すでに数日にわたって、測候所付近で火焔筒が焚かれ、見通し実験が繰り返されましたが上手くいかず、とうとう最後の日に多数の火焔筒が束ねて焚かれ始めました。とそのとき、気象庁の屋上で富士山を凝視していた望遠鏡に火焔筒の光がチラッと見えました。「見えたぞー」と辺りにどよめきが流れました。山頂測候所と東京の間を電波的に遮るものはなく、レーダーの機器類が大手町から制御され、観測データが大手町に届くことが立証されたのです。

　昭和 38 年がはじまると早々に入札が行われて、三菱電機が落札し、雪解けを待たずに 6 月には工事が開始されました。山頂の空気の密度は平地の 3 分の 2、山頂での力仕事は困難を極めましたが、建設資材、生コン、建屋パネルなど（総量 250 トン）がヘリコプターで運搬され、建設が始められました。しかし、ヘリコプターによる運搬が天候に左右されることや多くの労働者が高山病に悩まされたこと、さらに途中で雪が降り出し、

やむなく中止せざるを得なくなりました。

　次年度には前年の経験に基づいて、計画が練り直され、運搬にはブルドーザーを主力とし、レーダー機器のように破損しやすいものに限ってヘリコプターを使用することになりました。また、労働者が高山病に悩まされることから、事前の健康診断を厳重に行い、適切な労働管理も行われました。一方、翌昭和39年の夏には東京では水飢饉の騒ぎが起こるほど、好天が続いて、工事も順調に進みました。しかしながら、工事の山場は何といっても「レドーム」（パラボラアンテナを保護する球状のカバーで、骨組はアルミ合金製）のヘリコプターによる輸送でした（図2-9）。

　8月15日、台風14号が本州南方で停滞し本土をねらっていましたが、ついに直径9m、重さ約600kgの巨大なレドー

図2-9　富士山レーダー建設のようす（提供：大成建設）

ムがヘリコプターによってつり下げられ、3776mの山頂の高度まで持ち上げられ、多勢の見守る中、成功のうちに基台の上にしっかりと置かれました。

　このような重いものをこれほど高所にまで空輸したのは世界でも例がありませんでしたが、当日は幸いにも風速4m/sという快晴で、作業は無事完了しました。前述の『プロジェクトX』の映像で見ても、ドームが何度もゆっくり揺れる中、その一瞬をついて、間一髪で基台に置かれたのがうかがえます。

　余談ですが、誰もがこのときの飛行を志願しませんでしたが、旧海軍飛行隊の生き残りの一人であった飛行士の神田は、志願したのは特攻で亡くなった同僚への恩返しだと述懐しています。

現在の大気を知る

——さまざまな気象観測

この章からは、歴史を追っていくのではなく、現在の気象観測システムの話にシフトします。ただし、それぞれの観測方法の始まりや、気象の原理の発見や観測方法の発明の歴史にもところどころふれていくことにしましょう。

　大気がどのような状態にあるか知るにはどうすればよいでしょうか。気象力学によれば、地点と時刻を指定し、風向・風速、気温、気圧、湿度（水蒸気）の要素（気象要素）がわかれば、一義的に状態が決定されます。したがって、これらの気象要素を観測し、データを得ることは、本書後半で解説するコンピュータによる「数値予報」を行うために不可欠で

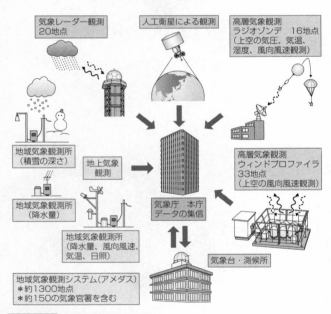

図 3-1 気象観測の全体像

す。

　また、数値予報が始まる以前から、「天気図」を作成する
データを得るために観測は不可欠でした。気圧を観測し、高
気圧や低気圧の配置（気圧配置）を天気図に表すことにより、
気象状況を概念としてとらえられます。天気図は、日本の気
象台の始まりとともに作成され続け、気象状況を表す重要な
資料となり、予報を行ったり、起こった気象を解釈する際に
非常に有効な役割を担ってきました。

　コンピュータによる数値予報が主軸になった現在において
も、テレビなどでの気象予報士の解説において、天気図は便
利に活用されています。人による予報に役立つ観測データを
まとめた資料は、天気図以外にもあるので、それらの資料に
ついてもこれから知っていきましょう。

　気象要素を観測する手段は、時代とともに、地上、海上、
宇宙へと展開され、今では図 3-1 に示すように、それぞれ気
象要素にふさわしい観測方法が用いられています。

1 地上観測の成り立ち

✳ 地上気象観測網

　気象観測と天気予報は、多くの部分を気象庁が担っており、
行政機関であることから解説に行政用語が出てきてなじみに
くい印象をもつときがあります。「気象官署」などというな
じみにくい呼び方もその一つですが、具体的には、気象庁、
気象研究所、気象衛星センター、高層気象台、地磁気観測所、
気象大学校、地方気象台など気象の業務を行う公的機関の総

称です。

　さまざまな気象観測の中でも、地上気象観測は最も基本的なものであり、気圧、気温、湿度、風、降水、雲、天気、気象現象、日射などの観測からなります。これらの観測は、観測点の数は少なくても、気象台の始まりのときから行われてきました。現在では、有人の「地方気象台」とその他一部の気象官署で行われるほか、無人の「特別地域気象観測所」や「アメダス（正式名は地域気象観測所）」でも行われています。図3-2は、地方気象台と特別地域気象観測所の気象観測網で、この他に約1300か所もある後述のアメダス観測所があります。それぞれで行われる地上観測の内容を見ていきましょう。

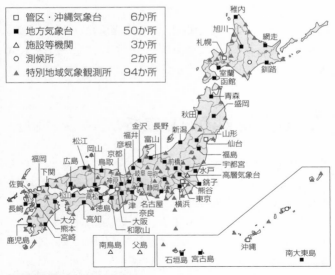

□ 管区・沖縄気象台	6か所
■ 地方気象台	50か所
△ 施設等機関	3か所
○ 測候所	2か所
▲ 特別地域気象観測所	94か所

図 3-2　地上気象観測網

気象台での観測

　気象台には台長以下30人程度の職員が勤務していますが、そこでの気象観測は、気温、気圧、風、湿度、降水量、日照時間などについては、従来から自動的に行われています。

　また、長年にわたって予報官の目視により、雲（種類、量、高さなど）、視程（水平方向での見通せる距離）、天気現象（雷、霧など）の観測が行われてきましたが、2020年から、雲の観測は廃止、視程と天気現象は自動観測に移行しました。この自動観測というのは、視程計、感雨器、電気式温度計、電気式湿度計、気象レーダー、雷監視システムの観測データを用いて、コンピュータが一定のアルゴリズムで判断するものです。

　予報官が使う「予報作業支援装置」のディスプレーには、自動観測機器が観測したデータが通報電文として自動的に気象庁へ通報されます。さらに、気象台が注意報や警報などを発出する際の支援となる情報が表示され、予報官の判断・修

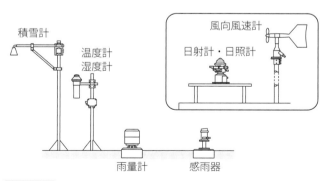

図 3-3　地上気象観測機器の配置

正を経て決定、予報作業支援装置から発信するというのが業務の流れです。予報作業支援装置からの発信は、そのまま気象台の公式発表となります。

地上気象観測を行うために整備した野外の場所は、「露場」と呼ばれます（図3-4）。気象台創設当初は「気象測量場」と呼ばれ、明治時代の中頃から今の名称で呼ばれるようになったようです。露場は、自然風を妨げない柵などで囲って人や動物の不慮の侵入をさけ、芝を植えて日射の照り返しや雨滴の跳ね返りを少なくするのが一般的です。

このような地上気象観測は、地方気象台だけでなく、いくつかの気象官署でも行われています。かつて小樽や千葉では有人の測候所において観測が行われていましたが、自動化の技術が確立されて無人化され、「特別地域気象観測所」と名付けられています。それまで人が目視で行っていた「現在天気」の観測は、視程計や感雨器、温度計などの観測結果を利

図 3-4　観測露場の例　水戸地方気象台

用して自動で判別する「天気計」に置き換えられました。また、以前は測候所が行っていた気象情報の提供や解説などの業務は、最寄りの気象台が引き継いでいます。

❄ 気温観測のしくみ

ここで、地上観測に使われる気温と降水の観測機器について具体的に見てみましょう。

はじめに気温の観測です。気温は、「電気式温度計」を用いて、0.1℃の単位で観測されます。「電気式温度計」というのは、白金の電気抵抗が温度によって変わる性質を利用した温度計です。電流の大きさで温度を知るので、電気回路に組み込むことが容易であり、自動観測にとても向いています。

湿度をはかるための「乾湿計」のしくみについては、中学

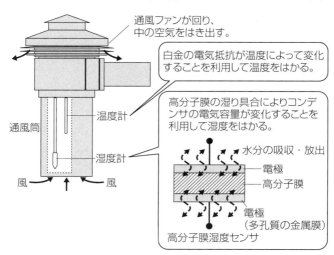

図3-5　通風乾湿計の原理（参考：福岡管区気象台WEBページ）

校の理科の教科書で解説されています。温度計を2つ用意し、片方の温度計を水でぬらしたガーゼでくるんだもので、乾いた温度計を「乾球」ぬらした温度計を「湿球」といいます。湿球では、ガーゼから水が蒸発することにより気化熱がうばわれるので、乾球よりも温度が低くなります。空気が乾燥しているほど、ガーゼからの水の蒸発が盛んになり熱をうばうため、温度差が大きくなります。この温度差によって湿度を算出するしくみです。

ただし、自動観測で使われる通風乾湿計では、電気式の湿度センサが利用されています。図3-5に示すように、空気の湿り具合によって保有する水分量が変化する高分子膜を電極で挟んだコンデンサの形をしています。高分子膜の水分量が変化すると、コンデンサの電気容量（蓄えられる電気量）が変化し、その変化を電気回路で検知して湿度を導きます。電気式温度計とともに用いると、自動観測に向いており、通風筒の中に温度計と湿度計を格納して、通風ファンをつけた通風乾湿計がよく用いられています。

✻🔑 降水量観測のしくみ

降水量の観測方法についても見ましょう。降水量は、気温や気圧などのようにある時刻の値ではなく、幅をもった時間内――1時間や1日など――の降水の積算値です。1時間降水量、日最大1時間降水量などがあります。降水量をはかる円筒形の**雨量計**は、上面開口部で降ってきた雨水を受け、たまった雨水の深さが降水量の値となり、その値の単位はmmです。雨量計にたまった雨水の深さを目視ではかる方法もありますが、次のようなしくみで自動化されています。

[外観図]

図 3-6
転倒マス型雨量計の原理

[原理図]

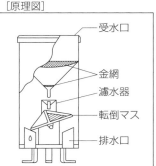

受水口

金網

濾水器

転倒マス

排水口

　降水量を自動的に観測するための**転倒マス型雨量計**は、図3-6 に示すからくりをもった構造です。直径 20 cm の断面積をもつ円筒内の底部に、「ししおどし」のような原理の転倒マスを備えています。マスの容量がちょうど 0.5 mm 分の降水量と等しくなっており、マスいっぱいに雨水がたまると、その重さでマスが右や左に転倒して水がこぼれるとともに電気信号が送られ、自動的に 0.5 mm とカウントされるしくみです。このようなしくみのため、降水量は最小 0.5 mm 単位で観測され、実際には 0.1 mm や 0.4 mm の降水があっても、マスが転倒しないので降水は観測されないことになります。

✳ 気圧の発見

　気圧の観測は、気象学の発展にとって特別な意味をもっています。気圧を観測し、等圧線を引き、天気図がつくられたことで、低気圧や高気圧の概念ができ、気象学が形作られていきました。

　そもそも気圧とは何かについて、ここで歴史をふりかえっ

てみます。

　大気圧という圧力が存在し、それが日々変動していることが観測を通じて立証されたのは17世紀に遡ります。イタリア人のエヴァンゲリスタ・トリチェリー（Evangelista Torricelli : 1608-1647）は、一方を閉じた管に流体を満たし、もう一方の開口部を押さえて同じ流体の壺の中に倒立させ、その押さえを取り除くと、管内の流体の上面が低下し、その高さは大気圧で決定されると唱えました。

　1643年、流体として水銀を用いて、後に「トリチェリーの実験」と呼ばれるようになった実験を行ったところ、1mほどの長さのガラス管内の水銀柱の高さは、水銀壺の表面から約76cmの高さで静止しました。この水銀柱の高さ（重量）を支える力は大気の重量に等しく、したがって大気は気圧という圧力をもつことをトリチェリーは示したわけです。同時にガラス管の上部に生まれた空間は真空であるとも考えました。

　この原理は、次のように説明できます（図3-7）。ガラス管の上部は真空ですから水銀を押し下げる圧力はゼロです

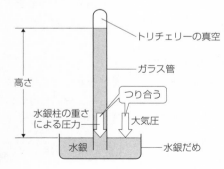

図 3-7
水銀気圧計の原理

が、水銀だめの水銀面には大気の重さによる圧力がはたらいているので、ガラス管の中に水銀を押し込み、ガラス管内に水銀柱ができます。このときの水銀柱の高さは、水銀だめの表面にはたらく大気の重さと水銀柱の重さがつり合う高さになります。

　トリチェリーの発見のきっかけは、真空の存在について続いてきた議論でした。自然界に真空が存在するか否かはそれまで何世紀にもわたる謎であり、アリストテレスが紀元前に真空の存在は論理的に矛盾であると主張しましたが、16世紀のルネサンス時代の科学者は、真空が存在することの説明の困難さを「自然は真空を嫌う、それは神の性である」と修正していました。当時、「真空が存在しない」という考えに異議を唱えることは、教会の考えと対立することを意味し、身を危険に晒すような時代でした。

　トリチェリーは、当初は水銀ではなく水を使って実験を行いましたが、水の密度は小さいため大気圧とつり合う水柱の高さは10mにもなり、目立ちすぎる実験器具が近隣から怪しまれるのを避けるため水銀を用いたといわれています。

　真空が存在するであろうことを初めて実験で示したのは、地動説で有名なガリレオ（Galileo Galilei：1564-1642）で、吸い上げポンプの井戸では水が約9mしか上がらないことを実験的に知っていました。ただし、その力は真空の力だと考えていました。ガリレオの実験がトリチェリーに伝わり、上述の有名な実験につながったといわれています。押し上げる力は、真空の力ではなく、大気圧によるものであるとの正しい説明を与えたのはトリチェリーです。

　水銀柱の高さは、平均的には約76cmですが、大気圧の

大きさによって変化します。ブレイズ・パスカル（Blaise Pascal：1623-1662）は、トリチェリーの実験後、真空の性質をそれ以上調べるのではなく、水銀柱の高さが実際の外力の変化によってどのように変化するかに興味をもちました。そして、自分たちが「大気という海の底」に住んでいるならば、海は深さによって水圧が違うのだから、山に登れば水銀柱の高さは減少するはずだと考えました。

　パリに住んでいたパスカルは、リヨンの西約150 kmに位置するドーム山（Puy de Dôme：標高1464 m）という山の近くに住んでいた義理の兄弟のフローリン・ペリエ（Florin Périer：1605-1672）に手紙を書き、水銀柱の実験装置を山に運び上げ、途中で水銀柱の高さを測るように依頼しました。1647年のことです。

　1648年9月、ペリエは、まず山の麓で真空部をもつ水銀の入ったガラス管2本を用意して、水銀柱の高さが71.2 cmであることを確認しました。そのうちの1本を麓に残して他の1本を持って山に登り、麓より1000 m高いところで計測したところ62.7 cmとなりました。頂上のいろいろな場所で計測しても、水銀柱の高さは同じ値を示し、また標高が違うと水銀柱の高さが違うこともわかりました。麓に戻って計測すると、両方の水銀柱の高さは同じになりました。ちなみに「人間は考える葦である」と言ったのはパスカルで、圧力の性質を表す「パスカルの原理」も彼によるものです。

　こうしてパスカルの予測が正しく、大気が重さをもっていることが実験結果で示されましたが、真空の存在を巡る当時の論争にすぐに終止符を打つものではありませんでした。空気はあまりにも軽いように思われ、76 cmもの高さの水銀柱

の重さ（仮にガラス管の口径が7mmとすると1kg）を支えることはできないだろうと、多数の学者によって退けられたのです。その後、しだいに事実が受け入れられていきました。

気圧観測のしくみ

水銀気圧計は、トリチェリーの実験が契機となって生まれました。地球の平均的な海面気圧の目安である**標準気圧**（1気圧）を水銀柱の高さで76cmとすると決められているのは、トリチェリーおよびパスカルの実験を踏まえたものです。ちなみに気圧の単位は、初めは水銀柱の高さを使って単位「mmHg」（ミリメートル水銀柱）で表していましたが、その後「mb」（ミリバール）となり、現在では「hPa」（ヘクトパスカル）を用いています。PaはPascalの功績にちなんだものです。1気圧 = 760 mm Hg = 1013.25 mb = 1013.25 hPaの関係です。

水銀気圧計の発明からすぐに、気圧（水銀柱の高さ）は、

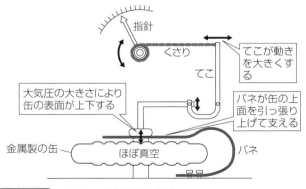

指針

くさり

てこが動きを大きくする

てこ

大気圧の大きさにより缶の表面が上下する

バネが缶の上面を引っ張り上げて支える

金属製の缶

ほぼ真空

バネ

図3-8　アネロイド気圧計の原理

晴れた日は高く、雨の日が近づくと低くなることが発見されました。このことから気圧計（バロメーター）は「晴雨計」とも呼ばれます。

一般によく使われる気圧計には、**アネロイド気圧計**もあります（図3-8）。この気圧計は、内部を真空にした金属缶があり、その金属缶の面が、大気圧の変化によって凹んだりふくらんだりすることで指針がふれるように工夫したものです。

現在の気象観測で使われる気圧計は、水銀気圧計でもアネロイド気圧計でもなく、気圧によって静電容量が変化する半導体を用いた**電気式気圧計**が用いられて、自動的な観測とデータの送信が行われています。

✦ アメダスによる自動観測

アメダス（AMeDAS）── Automated Meteorological Data Acquisition System（自動気象データ収集システム）──は、世界に先駆けて日本で開発・展開された自動的な気象観測システム（観測ロボット）です（図3-9）。昭和46年（1971）に全国展開に漕ぎ出し、昭和49年（1974）までに整備されました。現在では、アメダスのような自動の地上気象観測システムは、アメリカの「ASOS」もあり、またニュージーランドなどにもあります。

アメダスは、雨、風、気温、日照時間の4つの気象要素のほかに、積雪の深さ（積雪深）を自動的に観測するシステムです。このシステムを実現させた要因には、すでに解説した温度計などの自動観測機器の発明もありますが、最大の要因は、観測データの収集環境の画期的な変化──データ通信が

可能になったこと——かもしれません。

　昭和39年（1964）頃から、大型電子計算機に接続した通信回線を利用して行う方法が模索され始めましたが、当時の「公衆電気通信法」は、電話線の共同使用・他人による使用を厳しく制限し、また、電子計算機を接続することも認めていませんでした。その後時間がかかったものの、郵政省（当時）は通信回線の利用制限を緩和してほしいという各界の要望に応え、昭和46年（1971）から今日のNTTの公衆回線を利用したデータ通信への道が開かれた歴史があります。今日、光ケーブルなどの高速回線を利用したインターネットなどのデ

図 3-9　アメダス観測所の例　福井県越廼観測所

ジタル通信技術は家庭にまで普及していますが、当時はまったく画期的でした。何といってもアメダス観測所1か所の観測データの送信費用がわずかで済み（当時7円）、気象庁独自のデータ通信回線をつくる必要もなかったのです。

現在は、気象官署とアメダス観測所からの観測データ値は、リアルタイムまたは一定時間間隔で気象庁本庁に集められ、

表3-1　アメダスと他の地上気象観測施設の相違点

①観測結果の共有	どちらも気象庁の観測だが、アメダスデータは国内通報のみ。
②有人・無人	アメダスの観測所は無人であり、自動観測・通報が行われる。
③観測要素	アメダスは観測要素が非常に限定されている（降水量が中心）。
④観測頻度	アメダスで観測・通報されるデータは毎正時から10分ごとである。したがって、アメダスによる最高・最低気温は、あくまでこの10分刻みで見たものであり、他の地上気象観測での値とは異なる。一方、気候観測および通報観測では分単位で極値が得られる。
⑤観測所数	アメダスは他の地上観測施設に比べて、観測所の数が極めて多い。降水量は約1300か所、風や気温などは約800か所である。

表3-2　アメダスの観測種目と観測機器
地域気象観測業務規則（気象庁訓令）で以下のように規定

（観測種目）	気温、風向・風速、降水量、日照時間、積雪の深さ
（気象測器）	有線ロボット気象計、有線ロボット雨量計・積雪深計、無線ロボット雨量計、地上気象観測装置または航空用地上気象観測装置
（観測時刻）	0時から10分ごと

一括処理されています。

　ここでアメダスと有人の地上気象観測の相違点を表3-1にあげておきます。アメダスは、観測する気象要素が「降水量のみ」「降水量と気温のみ」などに限定された観測点が多くあったりして、劣る点もあります。その一方で、10分刻みというリアルタイムに近い観測を全国の数百、数千の観測点で無人・自動で行う利点を生かして運用されています。

　気象庁内には、アメダスのデータを収集・運用するためのアメダスセンターがあります。また、気象庁のWEBページでは「過去の気象データ検索」のページでアメダスのデータを公開しており、現在から過去にいたるまで、検索してデータを入手することが可能です。

　猛暑や豪雨の際、あるいは低気圧や前線の通過などの際、気になる観測点のアメダスデータをチェックしてみると何か発見があるかもしれません。筆者（大木）は、理科教科書・教材の編集を仕事の一つとしていますが、「前線通過時の気温や風向の急変」などの現象を教材や試験問題に取り込むためにアメダスのデータを利用することが何度もありました。生のデータに接して気づくのは、理科教科書の典型的な天気図から予想される現象に合う観測データは、見つけようとすると簡単には見つからないということです。寒冷前線が通過したが、気温の急な低下が見られない、風向の変化もはっきりしないといった例はいくつもありました。典型例を理解させたい教科書や試験問題に使うデータを見つけるのは一苦労です。このことは、気象に関する知識が多少あっても、実際の気象を予測するのは極めて難しいことを示しているのでしょう。

2 気球による高層気象観測

高層気象観測網

天気図といえば、天気予報の始まり以来、長い間「地上天気図」が用いられてきました。しかし、地上だけでなく、5000 m や 10000 m といった高層大気の観測を行うことは、大気の状態を知るために不可欠です。太平洋戦争後の1950年代からはラジオゾンデによる上層の観測に基づく「高層天気図」が加わって、「地上・高層天気図」時代に入り、現在

○ ラジオゾンデ観測官署：16か所
■ ウィンドプロファイラ設置官署：33か所

稚内
留萌
室蘭
釧路
帯広
札幌
宮古
高田　秋田
　　酒田　仙台
福井　　　若松
浜田　鳥取　輪島　熊谷
　　松江　　　　水戸
厳原　大分　　　　館野
　福岡　　　　勝浦
平戸　　　　河口湖
熊本　　静岡
市来　美浜　名古屋　八丈島
鹿児島　高松　尾鷲
　高知　潮岬
　　清水
屋久島　延岡
　名瀬
与那国島
石垣島
南大東島
父島
南鳥島

図3-10　高層気象観測網

も続いています。

また、高層気象観測は、気球による直接観測である「ラジオゾンデ」観測だけでなく、電波を使用した遠隔観測である「ウィンドプロファイラ」もあり、図3-10のような観測網があります。このほかに航空機による観測も行われています。

図3-11は、それぞれの測器がどのくらいの高度の現象を観測できるか、また水平にはどのくらいのきめ細かさで観測できるかを示したものです。

気象で高層大気を直接観測するラジオゾンデ

ラジオゾンデ（radiosonde）は、気球の浮力によって大気高層へ上昇し、気圧、気温、湿度などを測定するセンサと無線送信器を備えた測定器です。図3-12のように、発泡スチロールの小箱の内部および外部に各種の観測センサと無線送信機を備えています。水素ガスまたはヘリウムガスを充塡

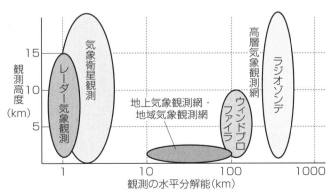

図3-11　気象観測のスケール

したゴム気球にラジオゾンデをつり下げ、図 3-10 に示した全国 16 か所の気象官署から上空に放たれます。

　気球の運動速度はほぼ一定で、上昇しながら、水平方向には風と一緒に流され、約 30 km 上空まで上昇します。

　地上から飛揚したラジオゾンデは、30 分後には高度約 10 km、90 分後には高度約 30 km に到達し、上昇中に大気を直接測定して、その結果を刻々と電波で地上に送信します。地上では、受信したラジオゾンデの信号を解析することで、大気の状態を連続的に知ることができます。

　気球は高度が高くなるにつれて気圧低下によって膨張し、最後は破裂して、パラシュートで緩やかに地上へ降下します。冬季に日本海側の輪島などで飛揚されたラジオゾンデが、西風に流されて東京の近郊で回収される場合や、夏季は上空の

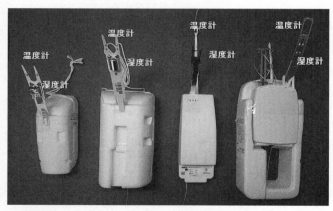

図 3-12　ラジオゾンデの気球につるされる観測機器　内部に気圧計、ＧＰＳ受信機、無線送信機、信号変換基板、電池などが入っている。（気象庁資料）

風が弱いため陸域に落下する場合もあり、時折回収されますが、多くは回収されず1回限りの使用となります。

　一般的には、ラジオゾンデとは電波（radio）を利用して大気を探査する（sonde）測定器の総称で、表3-3のような種類があります。レーウィンゾンデは、気球の位置を追跡できるようにしたラジオゾンデで、位置変化から高層の風向・風速を観測できます。GPSゾンデは、カーナビで使われるようなGPS（全地球測位システム）を用いて気球の位置を追跡し、高層の風向・風速を観測します。

　これらの観測は、明日や明後日の天気予報の対象となる、高・低気圧（総観規模のスケールと呼ばれます）の状況をと

図3-13　ゾンデの飛揚風景　（気象庁資料）

らえる役割を担うことから、世界中で同時刻——世界標準時
の 0 時と 12 時（日本時間の 9 時と 21 時）——に、世界各国
の約 800 か所で実施されています。

　なお、実際に気球を地上から飛揚させる時刻は、その時
刻の 30 分前とするよう定められています。これはゾンデ気
球が、毎分約 300 m の速さで上昇するので、30 分後には、
10 km ほどの上空の大気を観測できるようにするためです。
また、上空の風が強い場合には偏西風に流されて、観測所か
ら数十 km、ときには 100 km も離れた位置まで運ばれるこ

表 3-3　ラジオゾンデの種類

① 　ラジオゾンデ観測 （radiosonde observation）	ラジオゾンデにより上層大気の気象要素、一般に気圧・温度・湿度を測定する観測。ラジオゾンデには気球に取り付けて上昇させるもの、あるいは、パラシュートをつけて航空機やロケットから落とされるもの（ドロップゾンデ）があります。
② 　レーウィンゾンデ観測 （rawinsonde observation）	ラジオゾンデ観測の一種で、①のラジオゾンデ観測に加えて、レーウィン観測を同時に行う観測で、現在 16 か所で行われています。レーウィン観測（rawin observation）は、観測電波を発射する機器を取り付けた気球を地上で追跡し、その位置の変化から高層風を測定する方法です。
③ 　GPS ゾンデ観測 （GPS radiosonde observation）	GPS を利用し、レーウィンゾンデと同様に、①のラジオゾンデ観測に加えて、その位置の変化から高層風を測定する方法です。

とがありますが、位置の特定が難しいため、観測所の上空の
データとして扱われます。

✵ 成層圏の発見

　ラジオゾンデが観測している高層大気の話をいくつかして
おきましょう。

　山に登ると気圧が低くなり耳鳴りがするような経験から、
気圧は地上に近いほど高く、上空では低くなっていること
は誰もが知っていることでしょう。気圧および密度は、図
3-14 のグラフに示すように、高度とともに指数関数的に減
少していきます。

　大気の厚さは 500 km くらいですが、地上から高度 10 km
くらいまでの範囲だけを見ると、1 km ごとに 80 hPa くらい

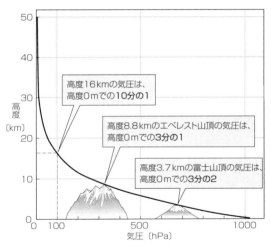

高度16kmの気圧は、
高度0mでの10分の1

高度8.8kmのエベレスト山頂の気圧は、
高度0mでの3分の1

高度3.7kmの富士山頂の気圧は、
高度0mでの3分の2

図 3-14　大気の鉛直方向の気圧分布

の割合で下がり、高度10kmでは地上での気圧の5分の1ほどになります。高層気象観測の気球は、周囲の気圧の減少とともにふくらむため、余裕をもった大きさのゴム膜でできており、100分の1気圧にもなる高度約30kmに到達したあたりで膨張に耐えきれなくなり、破裂して落下します。

次に、地上から高層にいたる大気の温度分布についても考えましょう。気温は上空ほど冷たいことは、以前から登山などで知られていましたが、それがどこまでも続くのかは観測手段がなかったことから、長い間よくわかりませんでした。この疑問は、**成層圏**の発見とともに答えが出されました。

成層圏の発見は、フランスの気象学者レオン・ティスラン・ド・ボール（Léon Teissrenc de Bort：1855-1913）によります。彼は、1896年にパリ郊外の小村に私費を投じて高層気

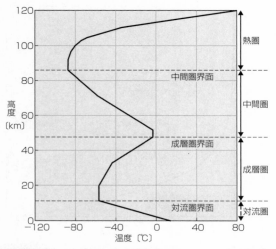

図 3-15 大気の鉛直方向の温度分布

象観測所を設け、気象観測気球を用いた高空の温度の観測を始めました。そして1902年、気温は地上約11kmまでは一様に減少するが、その高度を超えると温度が一定になることに気づいたのです。大気は2層に分かれており、下層を**対流圏**（troposphere）、上層を成層圏（stratosphere）と名付けました。"troposphere"は変化する（tropo-）圏（sphere）を意味し、"stratosphere"は層を成す（strato-）圏（sphere）を意味しています。

　その後、成層圏よりもさらに高層の気温の分布も調べられ、図3-15に示すように、地表から「対流圏」「成層圏」「中間圏」「熱圏」に区分されています。このような温度の分布は、大気にかかわるいろいろな現象、特に放射と吸収にかかわる現象を反映した結果です。

❄ 対流圏では上空ほど温度が低い理由

　対流圏では上空に向かうにつれて気温が低下しています。その割合は、1km上昇するごとに約6.5℃の低下で、これを対流圏の**気温減率**といいます。地表に近いほど温度が高くなっているわけですが、気象学にふれた初学者は、なぜ温度の高く軽いはずの空気が下の方にあるのか不思議に感じるかもしれません。

　大気の暖まり方を考えましょう。太陽が地球大気に入射する際、空気分子は太陽のエネルギー（可視光線部分）をほとんど吸収しないため、可視光は大気を透過して地表面に達して地表を暖めます。暖められた地表の熱が伝導や対流活動で下から上へ運ばれるため、下層ほど暖かくなっているわけです。またそれだけでなく、暖まった地表面は、上空に向けて

赤外線を放出します。この赤外線は、大気中の水蒸気や二酸化炭素、雲によって吸収されるため、大気は下から暖められるのです。対流圏の下層ほど暖かいのはこのためです。

　しかしこの説明だけではやはり納得できない読者がいるかもしれません。暖かい空気はすぐに上昇して上の方に行くのではないかと感じられるからです。この不思議については、次節で「大気の安定度」や「温位」の話を理解すると解決するでしょう。

　さて、高度が高いほど温度が低くなる対流圏でしたが、その上限である**対流圏界面**を境に、さらに上空は、高度が高いほど温度が高い層になっています。この層が成層圏です。成層圏の温度分布がこのようになる理由は、成層圏の大気に含まれる**オゾン**（O_3）が、太陽光線に含まれる「紫外線」を吸収して暖まるためです。成層圏は、対流圏とは逆に上から紫外線で暖められるため、上空ほど温度の高い温度分布になるのです。気温が極大となる約50km付近が成層圏の上限とされています。

　成層圏では、上空ほど暖かく密度が小さいという、対流圏とは逆の温度構造になっているため、対流圏のような対流活動は抑制されます（次節で解説）。このため、成層圏の大気の流れは、ほぼ水平方向のみとなります。対流圏の上層を吹く偏西風ジェット気流は、対流圏内だけでなく成層圏下層にも広がっています。低気圧や高気圧の移動や衰退にかかわる偏西風ジェット気流ですから、成層圏の気象も天気予報には関係しています。ちなみに、成層圏の気流は乱れも少なく、空気抵抗も小さいことから、長距離のジェット機などはこの層を飛ぶことがあります。

　このように大気に熱を与えるのは、放射（光）の中でも目に見える可視光ではなく、可視光より波長の長い赤外線（**長波**とも呼ばれる）、および、可視光より波長の短い紫外線（**短波**と呼ばれる）であることに留意しておくと、気象学への理解が進みます。

　成層圏より上の層は、気象観測の対象となっていないので、本書では説明を省くことにします。

〰〰〰〰〰〰〰〰〰〰〰〰〰〰〰〰〰〰〰〰〰〰〰〰〰〰〰〰〰〰

コラム　航空機などに利用される気圧高度計

　高度による気圧の違いを利用した「気圧高度計」（図3-16）を紹介します。世界中のすべての航空機に必ず搭載されており、そのしくみは同じです。

　気圧高度計は、気圧を測り、その気圧を高度に置き換えて表示します。実際の大気の平均状態に近いように単純化した大気を「国際標準大気」と呼び、国際的に統一されています。この大気はあくまでも仮想的なものですが、高度・気圧・温度・密度の対応関係が規定されており、気圧高度計はこの対応関係を利用して高度を表示しています。

　「2万5000フィート上空を飛行中」といったアナウンスを機内で聞きますが、その高度はこの気圧高度計の目盛りによっており、パイロットは、常時この気圧高度計を監視しながら飛行しています。

図3-16　航空機用気圧高度計

航空管制で用いられる飛行高度は国際的に、このような国際標準大気に基づいており、当然、航空管制官からの指示も同様です。なお、飛行機が着陸する際は別のしくみで動作する「電波高度計」が併用されます。

写真の表示盤右側の小窓に見える目盛りは、高度計の原点設定用のもので、巡航中は標準大気の高度ゼロに対応した気圧（1013.2 hPa）、水銀柱インチ表現で 29.92 inHg に設定されていますが、目的の飛行場に近づくと、その空港の気圧に変更されます。正確には、その空港の海面気圧で、国際的に「QNH」と呼ばれています。

ちなみに、高度計つきの腕時計がありますが、内部のセンサで気圧を測って標準大気の高度に合わせて表示しています。

3 高層天気図と大気の安定度

❄ 高層天気図

ラジオゾンデから、高層の風向・風速、温度、湿度の情報が得られ、気圧から高層天気図の気圧配置が得られます。

図 3-17 は、高層天気図の見方を説明するために 300 hPaの高層天気図を簡略化して表したものです。矢羽根の向きと羽が風速を表しており、▲の印 1 個は 50 ノット、長い線 1 本が 10 ノット、短い線 1 本が 5 ノットの風速を表しています（1ノットは約 0.5 m/s）。

また、図中の**等高度線**は、気圧が 300 hPa となる高さが等しい地点を結んだものです。この線は慣れないと意味がつか

みづらいですが、まずは地形図の「等高線」と同じと思って見てください。すると、図の右上の丸く閉じた等高度線の部分は周囲より低いので、右上に低くくぼんだ部分がある地形がイメージできたでしょうか？

　理由の説明は本書では省略しますが、等高度線を見てイメージした地形の低くくぼんでいるところは気圧が低く、高いところは気圧が高いと考えてください。

　図の右上の丸く閉じた等高度線の部分は、周囲より低いので、気圧の低い部分を表しています。風は気圧が低い方を左手に見て、等高度線に平行に吹いていることも確認しましょう。

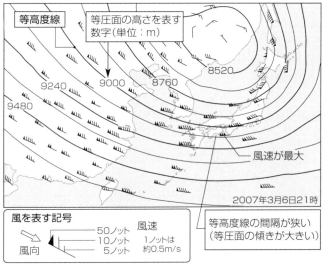

図 3-17　**高層天気図の見方**　図中の数字は各等高度線の高さを示し、その高さでの気圧が 300 hPa である。

300 hPa 高層天気図の見方

　図 3-18 は 300 hPa 高層天気図（高度 9 km 付近）の実例です。図に実線で描かれているのが等高度線で、「L」は低圧部、「H」は高圧部を表します。

　等高度線に付された「8640、8880、9120、9360、9600」といった数値から、高度 9000 m 前後の気圧配置を表していることがわかります。300 hPa 高層天気図は対流圏のかなり上層の気象状況を表します。

　また、図には、実線の等高度線以外にも、破線が描かれています。この破線は、**等風速線**です。20 〜 200 の数字が付されていますが、これらは風速を表し、単位はノットです。

　日本の位置する中緯度の上空では西風が強く、季節により強さに差がありますが、一年を通じて**偏西風**と呼ばれる西風が吹いています。等高度線の間隔が狭くなっているところには特に強い偏西風があり、最も強いところが**ジェット気流**と呼ばれるものです。図の等高度線の密になった部分には、200 ノット（約 100 m/s）の等風速線があり、この天気図で風速が最大の部分です。ここに偏西風ジェット気流の軸があります。

　また、「W」の記号は暖気があるところ、「C」は寒気のあるところを示します。

300 hPa 高層天気図には、等風速線が描かれている。気圧配置以外に、ジェット気流の軸を探すのに便利みたいだ！

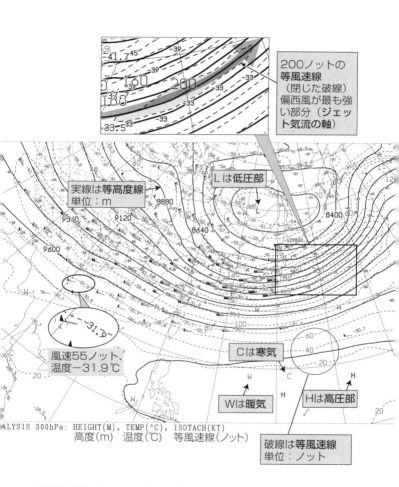

200ノットの**等風速線**（閉じた破線）偏西風が最も強い部分（ジェット気流の軸）

L は低圧部

実線は等高度線
単位：m

風速55ノット、
温度－31.9℃

C は寒気

W は暖気

H は高圧部

破線は等風速線
単位：ノット

ALYSIS 300hPa: HEIGHT(M), TEMP(°C), ISOTACH(KT)
　高度(m)　温度(℃)　等風速線(ノット)

図 3-18　300 hPa 高層天気図

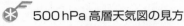

500hPa高層天気図の見方

次に、500hPaの高層天気図（高度5km付近）も見てみましょう。

図3-19では、等高度線に付された「5460、5580、5700、5820」といった数値から、高度5500m前後の気圧配置を表していることがわかります。高度9000m付近の300hPa高層天気図は対流圏のかなり上層、高度5000m付近の500hPa高層天気図は対流圏の中層の気圧配置を表しています。

また、図には、実線の等高度線以外にも、破線が描かれています。この破線は、**等温線**です。300hPa図の場合は破線は等風速線でしたから、この点が異なります。図中のマイナス（−）のついた数字は温度を表しており、−20℃から−50℃といった温度になっています。

風速の記号の近くに書かれている数字（例えば図右上の窓の−34.5、0.8といった数字）は、「温度」および「気温と露点温度との差＝**湿数**」です。露点温度は、水蒸気が凝結する温度なので、露点温度との差が小さいほど凝結しやすい（湿っている）ことを表します。

風向・風力の記号を見ると、500hPaでは100ノット（約50m/s）程度の強風が見られます。300hPaよりも風速は小さいです。

偏西風ジェット気流

ジェット気流は、太平洋戦争中にアメリカ軍のB29爆撃機がグアム方面から西に日本へ向かうときに遭遇し、発見されました。偏西風は流れる方向も一様ではなく、南北に蛇行する一種の波動であり、地上の高気圧や低気圧は上空の偏西

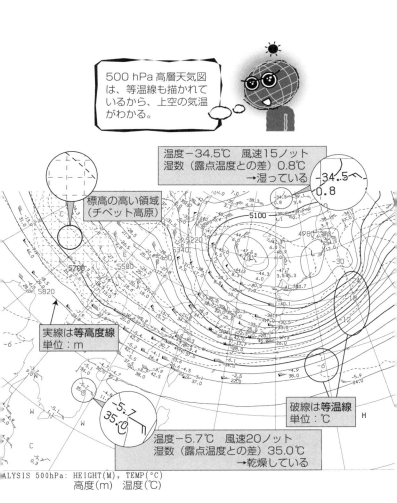

500 hPa 高層天気図は、等温線も描かれているから、上空の気温がわかる。

温度−34.5℃　風速15ノット
湿数（露点温度との差）0.8℃
　　　→湿っている

標高の高い領域
（チベット高原）

実線は等高度線
単位：m

破線は等温線
単位：℃

温度−5.7℃　風速20ノット
湿数（露点温度との差）35.0℃
　　　→乾燥している

ANALYSIS 500hPa: HEIGHT(M), TEMP(℃)
高度(m)　温度(℃)

図3-19　500 hPa 高層天気図

風波動とつながった構造をしています。

　等高度線の走行は、図 3-20 のように、おおまかには北極を中心とした同心円状で、地球を 1 周しています。また、南北に大きく蛇行しており、この蛇行は時間や季節とともに変化する波動となっています。波打つ等高度線の低緯度側に張り出した部分を**気圧の谷**と呼びます。また、となりあう気圧の谷の距離が波長です。

　波動のうち、波長が 1 万 km 規模のものは、アジア大陸およびアメリカ大陸に存在する大規模な山岳によって南北方向の流れが強制的に誘起されます。

　それより小さい数千 km 規模の波動は、偏西風の強さがある値以上（正確には、風速の鉛直方向への増分）に強くなったときに、帯状の流れが不安定となり、波動が発生します。

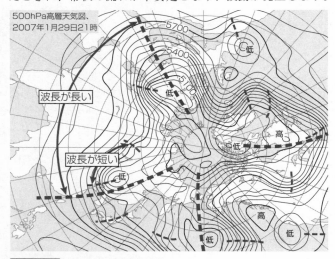

図 3-20　北半球の偏西風波動

気象学では、このような現象を偏西風の「風の鉛直シア」（鉛直方向の風速や風向の差）が強まると現れる「傾圧不安定波」と呼ばれます。この波動の存在を初めて理論的に明らかにしたのは、アメリカの気象学者チャーニー（Jule Gregory Charney）で、1960 年に東京で開催された「数値予報国際シンポジウム」で来日したことがあります。

　ある日の高層天気図を北半球規模で眺めると、図に見るように波長の長い波動の中に、高・低気圧にともなう波動が見られ、混在しています。これらの波動は東西方向に伝播し、それにともなって高・低気圧は西から東へ移動していきます。日本のような中緯度帯で日々発生・移動する高・低気圧は、このような波動にともない発達し、移動するので、天気図をもとにした天気予報では重要な役割を担います。第4章では、天気図の実例をあげて解説します。

✳ エマグラムとは何か

　図 3-21 は、ある日時のラジオゾンデのデータをプロットしたものです。グラフの横軸が気温、縦軸は気圧です。気圧は高度が高いほど小さいですから、縦軸を高度として見るとグラフの意味がつかみやすいでしょう。

　この図は**エマグラム**、あるいは気圧（P）と気温（T）の高度分布を示すことから **PT チャート**とも呼ばれます。ただし、示した図では、順を追って説明を加えていくため、いろいろな要素を省略して表しています。姉妹本の『図解・気象学入門』では、エマグラムは複雑に見え、細かい読み取りが必要であることから扱わず、もっと易しい解説にとどめました。しかし本書では、ラジオゾンデ観測にかかわる資料とし

て説明したいと思います。

　図 3-21 の①の太線で表したグラフは、ラジオゾンデによる気温の観測値です。このグラフを見ると、地上から

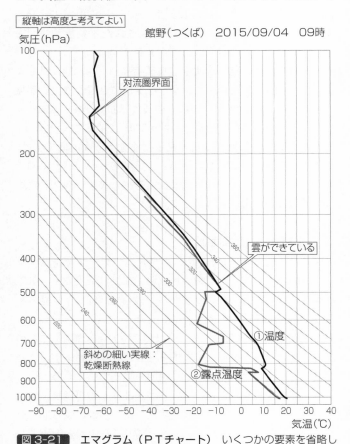

館野（つくば）　2015/09/04　09時

縦軸は高度と考えてよい

気圧(hPa)

対流圏界面

雲ができている

①温度

斜めの細い実線：
乾燥断熱線

②露点温度

気温(℃)

図 3-21　エマグラム（ＰＴチャート）　いくつかの要素を省略してある。

160 hPa ほどの高さまでは、高度が高くなるほど温度が低くなっています。これは対流圏の温度分布の特徴で、すでに図3-15 でも示しました。160 hPa 以上のところでは温度が一定になっていますが、これはラジオゾンデが成層圏に入ったことを示し、さらに上空では高度が高いほど温度は高くなっているはずです。対流圏界面は 160 hPa の高度にあることがわかります。

②の太線で表したグラフは、**露点温度**──空気が冷えて含まれる水蒸気が凝結する温度──です。

①と②のグラフは、500 hPa のあたりで、ほぼ重なっています。このことは何を示すのでしょうか。実際の空気の温度が露点温度に等しくなっている、つまり水蒸気の凝結が起こり雲ができていることを示します。

❄ 乾燥断熱線

エマグラムから読み取れることの一つには、大気の**安定度**があります。

前述の姉妹本では、「大気の安定と不安定」について、次のように仮想の乗り物で地上の気塊を持ち上げたときの気塊のふるまいの違いとして解説しました。

「（仮想の乗り物で）ある高さまで気塊を持ち上げたとき、力のバランスが崩れて、（気塊が）勝手に上昇を始めるような大気の状態が『不安定』です。逆に（気塊が）落下していくときは『安定』です。不安定な大気では、気塊を少し持ち上げるだけで、鉛直方向の力のバランスが崩れ、上昇気流が止まらなくなります。」

本書ではもう少し詳しい解説をエマグラムの見方とあわせて考えたいと思います。

　エマグラムで大気の安定度を見るには、図3-21にあるたくさんの細線と比較します。図3-22にも拡大して示しました。この線は、**乾燥断熱線**といいます。観測地点の地表付近の「乾いた空気」を仮想的に持ち上げたときの温度変化を表したものです。多数の線が並んでいますが、地表での各温度ごとに読みとるためのものです。この温度変化の割合は、

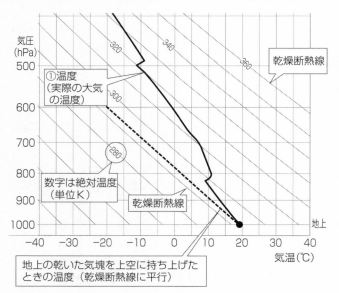

図 3-22　エマグラムの乾燥断熱線
乾燥断熱線の数字は絶対温度（K）なので、273を引くと摂氏温度（℃）になる。例えば、280Kは、280 − 273 ＝ 7℃である。

1km上昇するごとに約10℃の低下で、**乾燥断熱減率**といいます。

　エマグラムで大気の安定度を具体的に評価してみましょう。図中の①のグラフの起点に示した「●」の約20℃の空気を（乾燥していると仮定し）、乾燥断熱線に沿って上空に持ち上げたときの温度が太い破線です。この太い破線は、どの高度でも太い実線で示す実際の大気の温度より低いことが読みとれます。周囲の大気より温度が低ければ重いので、持ち上げた空気は地上へと戻っていきます。このような大気の状態は「安定」です。上昇気流ができにくく、対流性の雲が発達しにくい状態です。

❄ 湿潤断熱線

　実際のエマグラムには、乾燥断熱線のほかに、たくさんの**湿潤断熱線**も引かれています。これは、水蒸気で飽和した空気を、仮想的に上空に持ち上げたときの温度を示しています。図3-23は、湿潤断熱線も示したエマグラムです。これらの湿潤断熱線は、乾燥断熱線よりもグラフが垂直に近く立っています。これは、水蒸気で飽和した空気が上昇すると、凝結が起こって潜熱が放出されるため、温度の下がり方が緩やかになるためです。温度変化の割合は、1km上昇するごとに4〜8℃の低下で、**湿潤断熱減率**といいます。図を見てわかるように、温度によって減率に違いがあります。

　さて、この線も含めて大気の安定・不安定を、図3-23を見ながらもう一度評価してみます。グラフの起点に示した「●」の約20℃の空気を（水蒸気で飽和していると仮定し）、湿潤断熱線に沿って上空に持ち上げたときの温度も太い破線

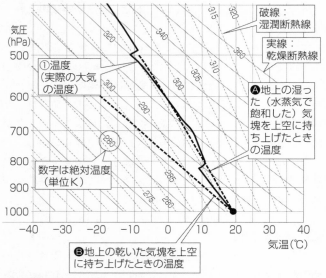

気圧
(hPa)
500

① 温度
（実際の大気
の温度）

600

700

800

900

1000

破線：
湿潤断熱線

実線：
乾燥断熱線

Ⓐ地上の湿っ
た（水蒸気
で飽和した）
気塊を上空
に持ち上げ
たときの温
度

315 320

320

340

330

310

300

305

290

290

285

280

275 280

数字は絶対温度
（単位K）

-40 -30 -20 -10 0 10 20 30 40 気温（℃）

Ⓑ地上の乾いた気塊を上空
に持ち上げたときの温度

図 3-23 エマグラムの湿潤断熱線

で示しました。

　湿潤断熱線に沿って上昇させたときの温度は、地上から 800hPa の少し下のあたりまでは、実際の大気の温度よりも高くなっています。つまり、湿って飽和した空気の場合は、地上から空気を持ち上げると、周囲の大気よりも温度が高く軽いので、さらに上昇します。これは、対流性の雲が発達しやすく、積乱雲が成長しやすい状態で、大気は不安定です。

　乾燥断熱線と比べると「安定」で、湿潤断熱線と比べると「不安定」である大気を「条件付き不安定」といいます。

　大気が不安定といわれるとき、「条件付き不安定」であることが多く、地上に湿った空気があるという条件のもとでは

積乱雲が発達します。

　図 3-23 の 800 hPa より上空を見ると、湿潤断熱線と実際の大気の温度がほぼ一致しており、800 hPa から 700 hPa の部分では湿潤断熱線よりも実際の大気の温度のグラフの方が立っています。このような状態では大気は極めて安定で、水蒸気で湿った空気であっても、上昇気流が発達しません。これを「絶対安定」といいます。

❄ 大気の安定度

　エマグラム上での大気の安定度の評価は、グラフの傾きによって図 3-24 のようにまとめることができます。傾きが乾燥断熱線より緩くなる場合は**絶対不安定**、乾燥断熱線と湿潤断熱線の間になる場合は**条件付き不安定**、湿潤断熱線より急になるときは**絶対安定**といいます。

　加えて、図中の右端のグラフは、鉛直線に対して逆側への傾きになっており、絶対安定の中でも**逆転**といいます。逆転

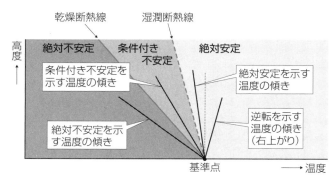

図 3-24　大気の安定度の条件

になっている大気の層を**逆転層**といい、上昇気流を抑制します。図3-23でも800hPa付近に逆転層が見られ、地上から830hPaの高さまでは条件付き不安定で積雲ができますが、それ以上の高さに発達しない条件になっています。

また、地上付近では安定だが中層で不安定という大気の状態になることもあり、何かのきっかけで地上の空気が中層まで持ち上げられると、急に積乱雲が発達します。第4章で解説する里雪型の積乱雲の発達はその例です。

✻ 大気の温度を温位で考える

「乾燥断熱線」のそばに付された数値は、その線上の気塊を1000hPaの地上まで下降させた場合の気温を表し、**温位**と呼ばれます。単位は絶対温度で表されていますが、その数字から273を引いた単位℃の摂氏温度に直して考えましょう。

温位と呼ばれる理由は、その線上の任意の気塊が線に沿って上昇あるいは下降する限り、1000hPaでは必ず同じ温度として保存され、「同位(同等)」であることによっています。

例えば図3-25のように、500hPaの高度で−25℃の空気は、湿潤断熱線の数字で読むと27℃と30℃の間にあり温位では30℃です。このことは、図の太い破線のように、乾燥断熱線に沿って1000hPaの地上まで空気を下ろしてくると、30℃になることを示しています。

先に、対流圏の温度分布が下層ほど温度が高いことを解説した際、「なぜ下層の暖かい空気が上空に上がっていかないのか」という疑問を残しておきました。これは「なぜ上空の冷たい空気が地上に落ちてこないのか」と言い換えてもよいでしょう。このことは、温位の理解とともにすっきり解決す

ると思います。500 hPa の高度（5000 m くらい）で − 25℃
の空気というのは、地上に降ろせば 30℃の空気と同等なの
で、決して地上の空気より重いわけではないのです。上空の
空気の温度は低いですが、温位と比べることにより、相対的
にどれくらいの温度なのか判定することができます。

　対流圏の下層より上層のほうが冷たいとはいっても、標準
的な大気では、温位で比べると上層のほうが高くその大気は
安定なので、暖かい地表の空気は地表にとどまるのです。

　予報作業においては、ラジオゾンデの観測で得られた PT
チャート上で、実際の観測データ（気温、露点温度、湿度）
の曲線と等温位線の両者との相対関係を見れば、大気が安定
か不安定かが容易にわかるのです。

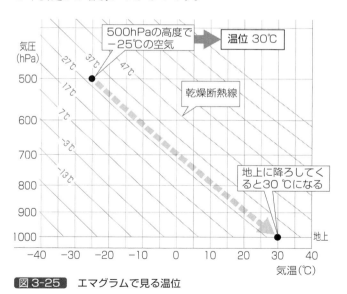

図 3-25 エマグラムで見る温位

123

4 電磁波を利用した遠隔での観測

❄ ウィンドプロファイラ

ウィンドプロファイラは、主に対流圏の風の高度分布を特殊なレーダーで地上から遠隔で観測するシステムです。正式な名称は「局地的気象監視システム」（略称 WINDAS：Wind Profiler Network and Data Acquisition System、ウィンダス）で、2001 年に気象庁が導入し、全国 33 地点に配置された無人の施設と近隣の気象官署を結んで遠隔観測を行っています。

高層気象観測としては、昭和 26 年のラジオゾンデの導入以来の時代を画する画期的なシステムの導入でした。「プロファイラ」とは「縦断面」を意味し、主に対流圏界面までの

図 3-26 ウィンドプロファイラ
与那国島に設置されているウィンドプロファイラ（気象庁資料）

風について、高度300mごとの風速分布として連続的かつ自動的に観測することができます。

　図3-26は与那国島に設置されているウィンドプロファイラで、白いお椀のようなドームの内部に、レーダーのアンテナ装置があります。

　ウィンドプロファイラはどのような原理で地上から離れた上空の風を観測するのでしょうか？　気象庁が展開しているウィンドプロファイラは、ドップラー効果を利用して対象物の速度を計測しています。ドップラー効果は、近づいてくる救急車のサイレンの音は高く（波長が短く）聞こえ、遠ざかるときは音が低く（波長が長く）聞こえる現象としてよく知られています。運動する物体に当たって反射する電波でもドップラー効果は起こり、物体が近づいてくるときは反射した電波の波長が短く、物体が遠ざかるときは反射した電波の波長が長くなります。

　ウィンドプロファイラは、雨や雪などの降水粒子がある場合はそれを電波を当てるターゲットとすることで、降水粒子の運動から風向風速を観測できます。

　地上のレーダーから上空に向けて発射された電波は、大気中の降水粒子などによる散乱によってその一部が反射され、地上のウィンドプロファイラのアンテナに戻ってきます。その電波は、散乱体である降水粒子の移動速度に応じて周波数が変化しているので、受信した電波の周波数が、送信した電波の周波数からどれだけズレているか（ドップラーシフト）を検知し、そのズレの大きさからビームを発射した方向（視線方向）に沿った風の速度（ドップラー速度）を測定することができます。

降水粒子のない晴天時にはどうするのでしょうか。その場合は、温度や湿度の微細なゆらぎや乱流をターゲットとし、その弱い反射によって観測しています。観測のターゲットとなる乱流の大きさや降水粒子の状態によって、使用する電波の波長や強度を変えます。波長や強度を変えることで、観測できる高度が異なってきますが、晴天時も降雨時も稼働する全天候型の風測定レーダーとして活用されています。

　大気の流れは3次元的なので、ウィンドプロファイラの場合は天頂を含む3～5方向へ電波を発射する必要があり、実際には鉛直方向および仰角約80度に傾けた東、西、南、北の5つの方向に向けて順に電波のパルスを発射しています（図3-27）。これにより観測された視線方向の速度から、それらを合成することによって水平方向の風向・風速（および鉛直方向の風速）を測定しています。降水粒子の場合は重力による落下もしますが、水平方向の運動は風によるものです。

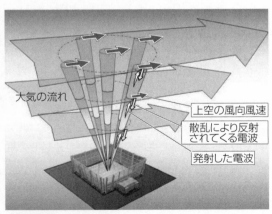

大気の流れ

上空の風向風速

散乱により反射されてくる電波

発射した電波

図 3-27　ウィンドプロファイラのしくみ（気象庁資料）

観測できる範囲は、施設のほぼ上空のみです。

　ラジオゾンデによる高層気象観測網の間隔はおよそ300〜350 km であり、大規模および中間規模と呼ばれる気象現象（温帯低気圧、高気圧、前線や台風など）をとらえるための配置となっていました。これにウィンドプロファイラを含めると、高層の風情報が得られる観測地点は平均しておよそ120〜150 km の間隔となり、メソスケール（水平スケールが数十 km 〜数百 km）の気象現象をもとらえることが可能で、高層天気図の作成や、後述のコンピュータによる数値予報に役立てることができます。

　ウィンドプロファイラの観測結果の例を図 3-28 に示しました。縦軸は高度ですが、風向・風速を示す矢印は、水平方向の東西南北を表していることに気をつけて見てください。

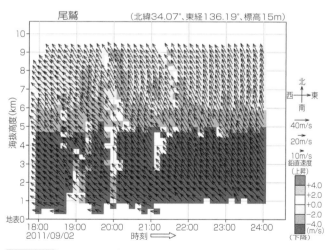

図 3-28 **ウィンドプロファイラの観測例**（気象庁資料）

また、横軸は時刻ですから、観測地点上空の高度ごとの風向風速の変化を表しています。さらに、右下に凡例が示された「鉛直速度」は、この図ではモノクロなので判別しにくいですが、矢印の背景の色により上昇気流か下降気流かが示され、その速度も示されています。降水がある場合は、強い下降気流として色づけされます。この図の例の場合、尾鷲では地上から10km辺りまで、南東風が吹いており、下降気流の場となっているのがわかります。

図の横軸は同一地点の時刻を表しますが、気象状況はおおむね西から東へ移りかわるので、時間軸を東西方向の位置とみなすことにより、現象の立体構造をある程度つかむこともできます。ちなみにこのような考え方をすれば、寒冷前線の通過のようすなどを風の鉛直シア（風の変化の度合い）として把握することが可能であるほか、他の気温やレーダーの情報を併用すれば、落下中の雪が融けて雨に変わる「融解層」の高さなどの把握も可能です。

✳ 気象衛星ひまわり

今日の天気予報番組では「それではまず雲の動きを見てみましょう……」などと気象衛星画像が示され、接近した台風の大きな渦巻きや台風の目がまるで生き物の目のように黒く写っているのを目にします。常に宇宙から雲のようすを見ることができる今、昭和中期までの時代のように、台風が不意打ちして日本を襲うことは決してありません。

初代の気象衛星「ひまわり（1号）」は、昭和52年（1977）7月14日、ケネディ宇宙センターでアメリカのデルタ型ロケットを用いて打ち上げられました。この打ち上げは、後

述の電子計算機 IBM704 の導入と並んで、気象庁の歴史が始まって以来の文字どおりのビッグプロジェクトでした。何しろ気象庁の年間予算が約800億円の時代に、衛星の予算は地

図 3-29　**気象衛星「ひまわり」**
（上）8号・9号の宇宙でのイメージ（気象庁資料）
（下）8号・9号からの情報受信アンテナ（提供：気象衛星ひまわり運用事業株式会社）

上施設の新たな建設にかかる初期投資のほか、衛星本体の機器、打ち上げ後の維持費を含めると全体で数百億円もする代物であり、さらに衛星には寿命があるため、将来の予算的な手当ての見通しも必要でした。

「ひまわり」の打ち上げと運用の目的は、世界気象機関（WMO）の世界気象監視計画（WWW：World Weather Watch）という国際的な協同プログラムの一環です。しかも気象業務に特化した衛星であるといえども、日本国内での位置づけを見れば、あくまで宇宙開発計画の一環であり、したがって気象庁が当時属していた運輸省をはじめ、科学技術庁などの関係省庁との「すり合わせ」のほか、何よりも国の「宇宙開発委員会」のお墨付きが必要でした。気象庁の技術屋にとっては関係省庁との調整という仕事は必ずしも得意な分野ではありませんでした。

　実際の打ち上げまでの気の遠くなるような関係者の努力と経過を述べることは省略しますが、『気象衛星分野──オーラル・ヒストリー』という国土交通省の国土交通政策研究所が刊行した文献などがあります。

「ひまわり（1号）」の打ち上げ以来、まもなく半世紀を迎えます。以来「ひまわり」8号が平成26年（2014）10月に、ついで9号が平成28年（2016）11月に鹿児島県の種子島から国産のH-ⅡAロケットを用いて打ち上げられ、今日に至っています。

❈❈

コラム　気象衛星導入前のエピソード
　昭和36年（1961）8月、太平洋をカバーするアメリカの第

七艦隊旗艦「セント・ポール」が、親善航海の一環で大阪港に寄港しました。その年の4月に大阪管区気象台・観測課に配属されたばかりの筆者（古川）は、米艦の気象部門に興味をもち、単身、天保山桟橋に接岸していたその戦艦を訪れました。

カンカン照りの最中、艦のゲートにいた真っ白い制服姿の水兵に会ったとき、「I am a junior meteorologist of the Osaka meteorological observatory. I am interesting in your weather service」と、とっさに考えた英語を口にすると、その若い水兵はOKと言ったかと思うと、曲がりくねった階段を登って、背の高いブリッジ（艦橋）まで案内してくれました。カタコトの英語でしたが、気象用語を媒介にどうにか意思が通じました。

何といっても一番驚いたのは、彼らが当時すでに無線FAX受信機で受信・入手していた画像が、（軍事用の？）「気象衛星」が撮影した雲の画像であったことです。モノクロのその画像は、解像度はよくはありませんでしたが、コピーをもらったとき、何か凄いことを体験したように興奮して、帰って職場で披露しました。ひまわりが導入される16年も前のことです。

❄ 気象衛星の雲画像と太陽放射・地球放射

気象衛星が撮影した雲画像は、すべて衛星の反射望遠鏡に搭載されている「可視・赤外放射計（AHI：Advanced Himawari Imager）」と呼ばれるセンサが撮ったものです。このセンサは、さまざまな波長の電磁波で観測を行いますが、その原理を理解するために、太陽や地球の「放射」について理解しておきましょう。

太陽から放射される電磁波は、可視光だけでなくさまざまな波長の電磁波が合わさったもので、これらを合わせて**太陽放射**と呼びます。図3-30は、太陽放射に含まれる電磁波の波長ごとの強度を示したもので、「太陽放射のスペクトル」と呼ばれます。

　物理学によれば、あらゆる物体はその表面温度に応じて電磁波を放射しています。太陽のような高温の物体からは可視光が放射されるのでわかりやすいですが、私たちの身のまわりの温度では、物体から放射されるのは赤外線にあたる波長の電磁波です。地球の地表や海面、大気からも温度に応じた放射があり、**地球放射**といいます。

　近年、非接触式の体温計がよく用いられるようになりましたが、これも人体から放射される赤外線によって体温を測定しています。

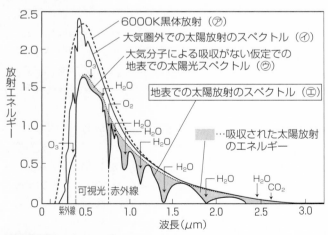

図 3-30 太陽放射のスペクトル

　図 3-30 の㋐の破線の山形のなめらかなグラフは、太陽の表面温度を 6000 K（絶対温度）としたときの太陽放射の理論上の波長分布です。高いところほど強度が強いことを表します。㋑の実線は、地球の大気圏外で実際に届いている太陽放射です。

　注目したいのは㋒の点線と㋓の実線です。地表に届いている太陽放射は、空気分子による特定波長の吸収があるため、分子による吸収がないと仮定したときの㋒に比べ、ところどころ谷のようにくぼんだ箇所があります。O_3 や O_2、H_2O などと書かれているのは、吸収している分子で、グレーの部分が吸収された太陽放射のエネルギーを表します。

　地球放射の特徴も見ましょう。図 3-31 の A の破線で表したなめらかな山形のグラフは、地球の表面温度を 290K（17℃）と仮定したときの地表から放射される理論上の波長分布です。そのうち、B の線より下のグレーで表される部分は、大気中の水蒸気や二酸化炭素などに吸収されるエネルギーであり、地表からの赤外線は大気に吸収されて宇宙空間までは届きません。地球放射のかなり多くの部分が吸収されてしまうので、大気は、地球放射に対してほぼ不透明です。

　ただし、波長 8 〜 13μm の赤外線は、水蒸気にほとんど吸収されず、地表からの放射が宇宙空間にまで達します。この波長の領域にある赤外線は宇宙まで素通しなので、この波長領域は不透明な大気に開いた窓であり、**大気の窓**と呼ばれます。

　対流圏の大気は、地表からの赤外線によって下から暖められるため、対流圏では地表付近ほど温度が高い構造になっていることを、すでに述べました（本章2節）。この対流圏を

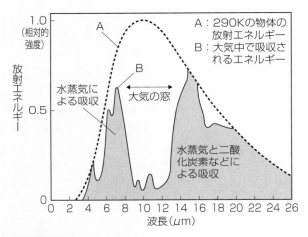

図 3-31 地球放射のスペクトルと大気の窓

暖める赤外線とは、地球放射のことですが、大気の窓の波長
域のものは大気を暖めずに宇宙へ出ていっていることになり
ます。

✳ 画像の種類

さて、気象衛星の画像にはいくつも種類がありますが、観
測する電磁波の波長との関係を1つずつ見ていきましょう。
「ひまわり8号・9号」に搭載されている**放射計**は、表 3-4
に示した 16 種類の放射を観測します。表の「バンド (band)」
とは観測する「波長域」を表し、番号は単に識別のためにつ
けたものです。バンド1〜3は可視光の波長域、4〜16は
赤外線の波長域を観測しています。

表3-4　ひまわり8号・9号の放射計の波長と用途

バンド	中心波長 （μm）	解像度（※）	想定される用途	波長域 の特徴
1	0.46 μm	1.0 km	カラー合成雲画像	可視光の 波長域
2	0.51 μm	1.0 km	カラー合成雲画像	
3	0.64 μm	0.5 km	カラー合成雲画像	
4	0.86 μm	1.0 km	植生、エアロゾル	─
5	1.6 μm	2.0 km	雲相判別	
6	2.3 μm	2.0 km	雲有効半径	
7	3.9 μm	2.0 km	霧、自然火災	
8	6.2 μm	2.0 km	中上層水蒸気量	水蒸気に よる吸収 が大きい 波長域
9	7.0 μm	2.0 km	中層水蒸気量	
10	7.3 μm	2.0 km	中下層水蒸気量	
11	8.6 μm	2.0 km	雲相判別	
12	9.6 μm	2.0 km	全オゾン量	大気の窓 の波長域
13	10.4 μm	2.0 km	雲画像、雲頂情報	
14	11.2 μm	2.0 km	雲画像、海面水温	
15	12.3 μm	2.0 km	雲画像、海面水温	
16	13.3 μm	2.0 km	雲頂高度	

（※右端に縦書きで「赤外線の波長域」とある）

※ 解像度は衛星の直下点での解像度。

〈可視画像〉

　可視画像は、可視光の波長域の３つのバンドで観測してお
り、バンド１が青、２が緑、３が赤で、光の三原色に対応し
ています。したがって、それらを合成した「合成カラー画像」
は衛星から地球を眺めたカラー画像に相当します。

　同じカラー画像でも、デジタルカメラがレンズでつくった
像を撮像素子に投影して一度にデータ化するのとは異なり、

内蔵された走査鏡を東西および南北方向に動かして地球を走査し、さらにフィルタで各バンドの波長域に分光し、それぞれの強度を放射計で電気信号に変換して得られたデータから合成された画像です。1回の走査で全バンドの画像データが得られます。

また、当然のことですが、この画像は太陽放射のうち可視光が地球を照らした反射光ですから、夜間は暗くなってしまいます。夜間でも雲などが観測できるように工夫されたのが、次に説明する赤外画像です。

7, 12, 14 09:50JST（14 DEC 2017 00:50UTC）   HIMAWARI

図 3-32 可視画像

〈赤外画像〉

　赤外画像は、地球表面や雲からの赤外放射の強さを示した画像です。温度の低いところは白く、高いところは黒く処理されています。気象庁の WEB ページで見られる「赤外画像」は、表のバンド 13（波長 10.4 μm）のみで行われたものです。

　赤外画像は、水蒸気などによる吸収がない「大気の窓」にあたる波長 10.4 μm の赤外線を観測しているので、地表や海面、雲頂から出る放射が途中の大気で吸収されずに届き、観測できます。物体の温度が高いほど放射される赤外線の強度

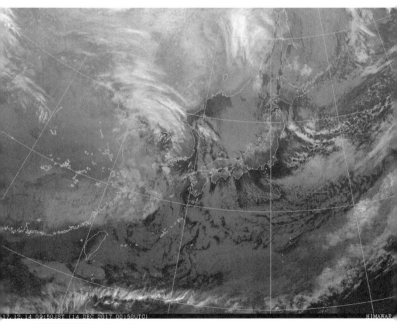

17.12.14 09:50JST (14 DEC 2017 00:50UTC)　　　　　　　　　　　　　　　　　　　　HIMAWAR

図 3-33　赤外画像

が強くなるので、波長 $10.4\,\mu\mathrm{m}$ の赤外線の強度の弱い（温度の低い）ところを白く、強度が強い（温度の高い）ところを黒く表現し、画像化します。

このように画像を白黒の濃さで表現すると、対流圏では高度が高いほど温度が低いので、雲頂高度の高い雲ほど白く表現されることになります。同じ雲でも、白いほど温度が低いので、赤外線画像で最も白く表現された雲は、対流圏界面にまで達した積乱雲の雲頂です。陸面や海面は相対的に暖かいため黒っぽく見えます。層雲や層雲が地上に接した霧は、地

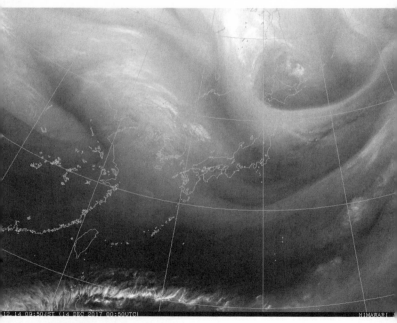

12.14 09:50JST (14 DEC 2017 00:50UTC)　　　　　　　　　　　　HIMAWARI

図 3-34 水蒸気画像

表との温度差がないため、赤外線画像には写りにくくなり、うすいグレーに見えます。

　赤外画像の最大の特色は、可視画像と異なり、日射がなくても観測が可能なので、昼夜を通した連続観測に適していることです。

〈水蒸気画像〉

　可視画像や赤外画像は、衛星に届くまでの放射のエネルギーが途中で吸収されない波長を用いていますが、この水蒸気画像は逆に、水蒸気の存在によって放射が一番吸収されやすい波長域（バンド8〜10）を用いています。

　図3-34の水蒸気画像を見ると、全体は灰色の濃淡で表されています。これは大気の中・上層の全水蒸気による吸収量に基づいており、画像の明暗は大気の上層や中層における水蒸気の多寡に対応しています。

　例えば、上層が乾燥していると水蒸気の吸収が少ないので、より下の層からの放射を観測します。したがって、水蒸気画像では、上・中層が湿っている部分ほど白く（温度が低く）、逆に上・中層が乾いた部分ほど黒く（温度が高く）見えます。

〈その他の画像〉

　上述の3種の画像以外に、バンドを単独あるいは組み合わせることによって、霧、自然火災（火山の噴煙、森林火災の煙）、植生、雲相（氷雲・水雲の判別）、海氷、海面水温などの情報が作成されています。肉眼で見たものと同様の画像（トゥルーカラー画像）に処理が可能で、黄砂の流れが黄色い色で判別できる画像が作成されているのを目にしたことがある読者もいるかもしれません。

✳ 気象衛星からの風・海面水温の観測

　気象衛星の観測データは、雲画像を取得する以外にもさまざまな利用がされています。

　そのひとつには、連続して観測したひまわりの赤外画像や可視画像から、特徴ある雲や水蒸気の動きをとらえ、風向や風速を算出した**大気追跡風**があります。北半球で1日24回、南半球で1日4回、それぞれ算出されており、特に海洋上はウィンドプロファイラを設置することができず風の観測値が少ないので、大気追跡風は数値予報に用いる初期値として有用に活用されています。

　また、ひまわりのバンド14・15の観測データや極軌道気象衛星（次項で解説）であるNOAAのデータから、太平洋域や日本付近の海面水温分布が算出されています。このようにして調べた海面温度の情報は、台風の発達を予報する際に重要な役割を担います。海面温度が27℃もしくは28℃以上の海域で台風は発達することは第1章ですでに述べたとおりです。海面温度分布の資料を見れば、予報官が台風の発達を予想できますし、コンピュータの数値予報で使う基礎データとすることにより、より正確な予想を導きます。台風が発達するか衰退するかの予想は、温暖化で強靱化する台風が多くなる現在において重要な予報です。

　付け加えると、海面温度分布は、水温や潮目などがわかるので漁業者にとっても非常に有効な資料となっています。

✳ 極軌道気象衛星による観測

　極軌道気象衛星は、静止衛星と異なり、北極・南極地方の上空を通る南北方向の軌道で地球を周回しています。静止気

象衛星に比べ低い高度を飛行し、高解像度の画像が得られますが、観測範囲は狭くなります。また、極軌道では、地球の自転に合わせて周回することはできないので、周回するたびに異なる地域を観測することになります。

　アメリカが運用している代表的な極軌道気象衛星 NOAA（ノア）は、軌道高度およそ 850 km で、約 100 分かけて地球を 1 周しています。三軸制御衛星であるため、常に地球表面を向くように姿勢を制御でき、観測機器を軌道に直角な方向に走査して観測しており、観測範囲は衛星直下から左右へそれぞれ 50 度程度、地表面で幅 2000 〜 3000 km に相当する範囲です。気象庁では、2 機の NOAA 衛星のデータを受信しており、日本付近ではおよそ 6 時間に 1 回画像を得ることができます。

　極軌道気象衛星は、赤道上空に位置する静止気象衛星では観測しきれない高緯度の地域の観測もできるので、数値予報の基礎データを得るためにも活用されます。また、静止気象衛星では得られない「気温や水蒸気の鉛直分布データ」や、大気中の「オゾン量データ」なども観測しています。

　コンピュータによる予報は、地球を格子に区切って、すべての格子点にデータを与えるところから始まります。気象衛星による宇宙からの観測は、地球全体をカバーし、地上や気球での観測がしきれない基礎データを与えてくれる重要な役割を担っています。

❄ 気象レーダー観測網

　第 2 章で見たように、戦後、富士山に設置された気象レーダーは、気象衛星がまだ導入されないその時代に、台風の接

図 3-35　気象レーダーの設備
(a) 長野県 車山に設置されている気象
レーダー（気象庁資料）
(b) 気象レーダーのパラボラアンテナ
（提供：長野地方気象台）

近を知るために大きな役割を果たすようになりました。

　また、台風に限らず、天気予報において今どこで激しい雨
が降っているか、雨域がどのように動いているかは、注意報
や警報を出す際に極めて重要な情報です。気象レーダーは、
このような降水状況をリアルタイムで把握する手段として、
不可欠な役割をもっています。

　日本の気象レーダー観測網は、昭和29年（1954）に大阪に
設置されたのを皮切りに全国への展開が進められ、全国20
か所で運用されています（2021年現在）。気象レーダーは「ア
メダス」や、前節で解説した気象衛星「ひまわり」とともに、

図 3-36　気象レーダー観測網（参考資料：気象庁資料、令和3年現在）二重偏波ドップラー気象レーダーについては、第7章5節参照

今でも気象観測ツールの「三種の神器」の一角を占めているといっても過言ではありません。

気象レーダー観測の原理

　気象レーダーは、パラボラアンテナから電波（ビーム）照射しながら、そのパラボラアンテナがある高度角で360度ぐるぐると回転して、雨雲を観測します（図3-37）。光を鏡に当てると反射してきます。電波も光と同じ電磁波の仲間であり、気象レーダーの場合は、鏡に相当するのは空気中に浮かんでいる雨粒あるいは雪粒です。

　パラボラアンテナが指向する方角に電波を発射し、その経路上に存在する降水粒子（雨滴・雪片・雹・あられ）によっ

143

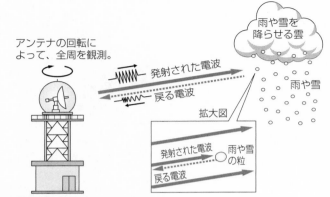

図 3-37 気象レーダーの原理

て反射（正確には散乱）され、戻ってきた電波（エコー）を
パラボラアンテナが受信し、目標物（降水粒子）をとらえま
す。パラボラアンテナを360度回転させたり、アンテナの仰
角を変えることで高度方向の雨雲の広がりをとらえます。利
用される電波は、マイクロ波領域のものです。直進性が優れ
ており、また鋭いビームが得られるため、高い空間分解能が
得られます。方位や高度はアンテナの仰角からわかりますが、
雨雲との距離や降水の強度を知るには、それでは不十分です。
そこで、戻ってきた電波（エコー）から3つの情報を得られ
るようにしています。

　それは、①エコーの往復時間、②エコーの強さ、③エコー
の位相（電波の谷と山）の変化の3つです。ひとつずつ理解
していきましょう。

　①　エコーの往復時間——目標物（降水粒子・雨雲）まで
の距離を知る

電波は光速（1秒間に約30万km）で進むので、レーダーが電波を発射してから戻ってくるまでの時間に光速をかけて2で割ると目標物までの距離が得られます。しかし、電波を連続的に発射すると、戻ってくる電波も連続的となり、発射してから戻ってくるまでの時間を測定できず、目標物までの距離がわかりません。そこで、数マイクロ秒の時間間隔で電波を断続的に（パルスとして）発射し、電波の発射を休止している間に目標物から戻ってきた電波を受信して時間をはかり、目標物（降水粒子・雨雲）までの距離を割り出しています。

②　エコーの強さ──降水粒子の大きさ・数を知る

エコーの強さは、発射する電波の強さと電波の経路上に存在する目標物（雨粒など）の大きさと数によって決まるので、反射信号を処理して、降水の分布および降水強度（単位時間あたりの降水量）を求めることができます。ただし、こうして求めた降水強度は、雨量計で求めた降水強度と対応しないことが多いため、雨量計の実測値をもとにレーダーから得られた降水強度を補正しています。

③　エコーの位相──降水粒子の奥行き方向の速度を知る

電波は波なので、振幅に山や谷があり、その位置を「位相」といいます。目標物が動いている場合、ドップラー効果により位相の位置が変化するので、これをとらえて解析することにより、物体の移動速度を求めることができます。この機能を備えた気象レーダーを「ドップラー気象レーダー」と呼び、全国に展開されています。

現在、全国20か所の気象レーダーの画像は、気象庁にある「観測運用室」に気象庁が利用している通信網を通じて電送され、そこで各レーダーサイトの画像を合成して、つなぎ

目が見えない、いわゆるシームレスな画像が全国規模で作成されており、一般にレーダー画像と呼ばれています。また、気象レーダーの画像は、前述の「アメダス」の降水データなどにより校正され、テレビで毎日のように見られる雨の状況の画像として発表されています。

❄ 気象観測の国際ネットワーク

　本章で見てきた気象観測の結果得られた観測データは、日本国内の天気予報に使用されるだけでなく、世界中でほぼリアルタイムで共有されており、図3-38に示すような国際的なネットワークが構築されています。日本は第Ⅱ地区の通信センターの役割も担っています。

　本書後編で解説するコンピュータによる数値予報では、このネットワークを通じて得られる世界中の気象観測データが不可欠で、他国の数値予報にとっても日本から発信される観測データは不可欠です。

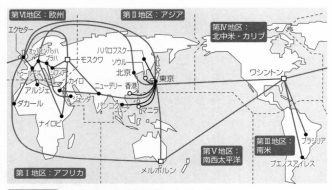

図 3-38　気象データの国際ネットワーク

第 4 章

天気図と人による
天気予報

天気図などによる天気予報

すでに何度か触れたように、天気図、特に地上天気図は100年以上も前から今日まで、予報作業者に最も手軽で重要な情報として利用されてきました。その理由は、種々の気象要素が1枚の図上に記号あるいは数値でプロットされ、そして何よりも等圧線が描かれているので、気圧配置と天気や風との関係が一目瞭然であり、さらに天気図を時系列的に眺めることにより、低気圧などの発達の程度や経路などが把握でき、今後の予測に有効だからです。実際、現在のような数値予報が開発される以前は、天気図の解析が予報の唯一の重要な手段でした。

地上の天気図に加えて、第3章で解説した高層天気図、エマグラム、ウィンドプロファイラの観測データなどを組み合わせると、さらに予報を行うときの判断の材料が多くなります。現在では次章以降で解説するコンピュータによる数値予報が天気予報の中心ですが、かつて予報官が天気図やその他の気象資料を用いて予報を行ったノウハウは、今でも気象予報士などが天気概況を人々へ解説する際に役立っています。本章では、天気図を用いていくつかの典型的な天気の概況の解説や、予報について見ていきます。

かつては予報作業者が自ら観測データのプロットや等圧線の描画（天気図解析と呼ばれる）作業を行うことにより、頭の中に天気の全体像をインプットしていましたが、現在は気象庁のコンピュータが作成した天気図が公式の地上天気図（ASAS）になっています。ただし、現在でも前線の位置だけは、予報官が気温と風の場を解析して描画しています。

また、図4-1（b）のような速報の「日本周辺域天気図」も

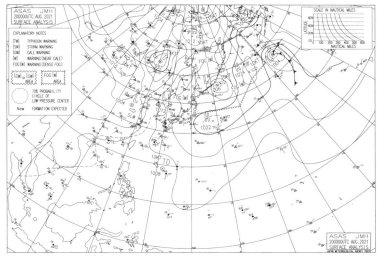

▲ (a) アジア太平洋域天気図（ASAS）　6時間ごとに作成

▶ (b) 日本周辺域天気図（速報）3時間ごとに作成

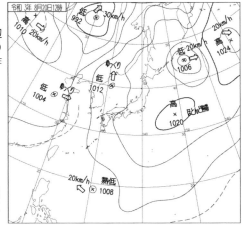

図 4-1
気象庁の発表する地上天気図の例

公開されており、報道機関などで利用されています。これには気圧配置と高・低気圧、前線だけが描かれており、天気や風などの情報は省略されていますが、このような速報天気図でも概況をつかむのに大いに役立ちます。

Ａ　移動性高気圧

「五月晴れ」や「天高く馬肥ゆる秋」など澄み切った青空の好天をもたらすのは、西からやってきた**移動性高気圧**が、図4-2のように日本列島をすっぽりと覆うときです。

　移動性高気圧は、中緯度の偏西風帯の中で、偏西風の波動として生まれたもので、その前後には低気圧が連なっています。「波動」という表現をしましたが、蛇行する高層の偏西風の波動と、地上の移動性高気圧、温帯低気圧は、図4-3に示すような相関関係があります。

　偏西風が低緯度側に張り出す部分は、高層天気図の等高度

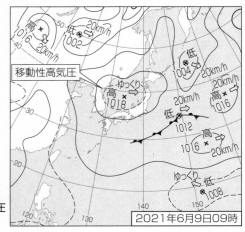

図4-2
移動性高気圧
の天気図

2021年6月9日09時

線を地形に見立てると「谷」にあたるため**気圧の谷**と呼ばれます。気圧の谷は西側で気流が収束して下降気流が起こりやすい部分があり、東側で気流が発散して下層からの上昇気流が起こりやすい部分があります。これらの収束・発散する領域の下で、地上の移動性高気圧や温帯低気圧が発達します。つまり高層に偏西風の波動があると、地上に高・低気圧が交互にできます。

　このように高・低気圧を交互に発生させる偏西風波動の波長は、数千km程度で、移動速度は40km/日程度です。移動性高気圧は一年を通して発生しますが、特に春と秋に多く現れます。

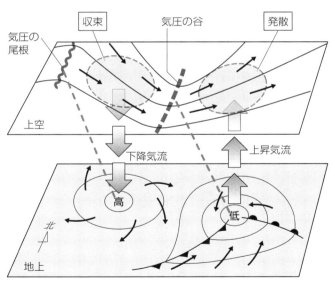

図4-3　気圧の谷と地上の高・低気圧

高気圧の中心の領域には下降気流があり、気圧の低い上層から気圧の高い下層へゆっくり下降するときに、しだいに空気が圧縮されるため、気温が上昇します。また、水蒸気量が一定のまま気温が上昇すると、相対湿度が低下して空気が乾燥します。高気圧圏内で空気が乾燥するのはこのためです。よって、移動性高気圧に覆われる気圧配置では、乾燥した晴天が一両日ほど続くことが予報できます。

　実際の高層天気図でも気象状況を見てみましょう。図 4-4 は図 4-2 と同じ日時の高層天気図です。偏西風は、波打つ等高度線に沿ってほぼ平行に吹いています。気圧の谷は日本列島の東にあり、気圧の谷の西側にあたる日本列島では、移動性高気圧が発達しやすい条件であることが確認できます。一

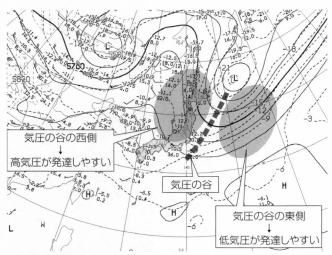

気圧の谷の西側
↓
高気圧が発達しやすい

気圧の谷

気圧の谷の東側
↓
低気圧が発達しやすい

図 4-4　移動性高気圧に覆われたときの 500 hPa 高層天気図（2021 年 6 月 9 日）図 4-2 の地上天気図と同日時

方、気圧の谷の東側には地上の低気圧が発達しやすく、地上天気図には低気圧があります。このように、気圧の谷の位置を確認することで、地上の高・低気圧が発達する条件にあるかどうかを確認することができます。

　移動性高気圧の中心付近（館野：茨城県つくば市）の「ラジオゾンデ」観測値のエマグラム（図4-5）も見てみましょう。図4-5の左側に示された風向・風力を見ると、300〜500 hPa付近は北西で、偏西風が吹いていることがわかります。また、800 hPaより下層に見られる東や北の風は、地上天気図の高気圧の中心から時計まわりに吹き出す風の場を反映したものです。

　エマグラムの右側のグラフ線——気温の鉛直分布——にも着目してみましょう。気温のグラフが立っていること（湿潤断熱線と同程度の傾きであること）から、大気が非常に安定であることを示しています。このことは、先に触れたように、高気圧の中で下降気流（沈降）による断熱昇温が起きていることを意味しています。

　左側のグラフ線が示す露点温度も見ましょう。300 hPaより下層では、気温と露点温度の差が5〜10℃もあり、非常に乾燥していることがよくわかります。

　ちなみに、高気圧が近づく前日には西の空に夕焼けが見られて翌日は晴れ、やがて高気圧が東に去るにつれて、南よりの風が吹き始め、天気は下り坂です。これは、夕焼けは西の地方が好天で、ほこりが舞い上がり、その微細なチリが太陽光の長波長（赤色系）部分を散乱させているからです。

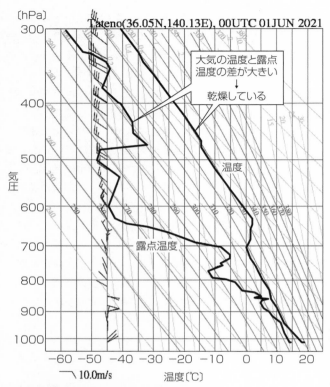

〔hPa〕
Tateno(36.05N,140.13E), 00UTC 01JUN 2021

大気の温度と露点
温度の差が大きい
↓
乾燥している

温度

露点温度

10.0m/s   温度〔℃〕

図 4-5 移動性高気圧圏内のエマグラム
(2021 年 6 月 9 日 09 時、館野)

B 北高型と北東気流

　図 4-6 のように、高気圧の中心が北緯 40 度付近にあって北日本全体に広がり、本州の南海上には低気圧が位置する気圧配置は、北で気圧が高く南で低いことから**北高型**と呼ばれ

ます。

　高気圧の中心から時計回りに吹き出す風のため、東北地方や関東地方で「北東」の風が吹いています。この風は北日本や関東の気象状況を表すとき、**北東気流**とも呼ばれます。

　北日本の東の海上は、寒流の親潮が流れ込む水温の低い海域で、その冷たい海上を吹きわたってくる北東気流は冷たく湿っている特徴があります。このため、北高型の気圧配置では、関東から東北地方の太平洋沿岸部では、低温で、曇天あるいは弱い雨となります。高気圧の中心がある東北地方北部や北海道は晴れています。

　この天気図の例では、移動性高気圧の南の端に沿って前線があり、西日本ではその影響で雨が降っています。関東地方もその影響を受けているかもしれません。しかし、この天気図とは異なり移動性高気圧の南に沿った前線が見られない場合でも、高気圧が北高型になると、北東気流のため、関東や東北で、低温の曇天や弱い雨になることが多く見られます。

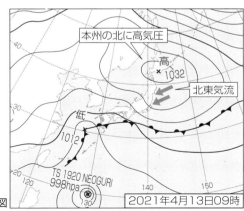

図 4-6
北高型の天気図

北東気流によってできる雲は、低い層雲であることが特徴で、激しい雨を降らすことはなく、弱い雨や霧雨を降らせます。北東気流により層雲ができる理由は、下層の冷たく湿った北東気流が陸域に侵入するにつれ地表面摩擦で風速が弱まるため空気が押し詰まって（収束して）ゆっくり上昇することや、山脈にゆくてを遮られることで収束してゆっくり上昇することです。これによりおだやかに雲ができますが、下層にだけ冷たい空気が入ると上空に「逆転層」（第3章3節）ができるため、雲の発達が抑制されて層状の雲となるのです。

　下層の冷たい気流により逆転層ができる理由は、エマグラムの温度曲線が下層だけ低温側にずれた場合のグラフの「ずれ」を考えるとわかります。

エマグラムで考えるとわかるね。

温度のグラフ　　下層だけ低温になると…　　ずれ　逆転層

低温　下層

　コンピュータによる数値予報が行われるようになった今でも、雨と曇りのどちらになるかは予報が微妙で、気象庁や複数の民間予報会社の間で予報が分かれることも多く見られます。ですから、北日本や関東に住んでいる人は、天気図が北高型と気づいたら、天気予報が外れる可能性も高いはずと頭に入れておくと、傘をもつかどうかの判断のとき役に立つかもしれません。

　北東気流による雲は低く、北日本の中心を走る山脈を越えません。そのため、東北地方では太平洋側の地域が曇天や弱い雨でも、日本海側は晴れます。

C　やませ

　前項の北東気流と関連して、東北地方に冷害を及ぼす東寄りの風「やませ（山背）」についても触れます。やませとは、太平洋側で春から夏（6月〜8月）に吹く冷たく湿った東よりの風のことです。

　特に、例年は梅雨が明けて作物の成長にとって大切な時期にやませが吹き続け、低温で20℃を超えない曇りや雨の日が続くと、米作などの農業に重大な影響を与えます。やませは幾度も冷害を引き起こし、古くから飢饉をもたらす風としておそれられてきました。

　図4-7は、やませが起こっているときの天気図です。オホーツク海高気圧の南の端が、北日本や関東の東側にむけて不自然にのびています。このような不自然に見える等圧線は、冷たく重い空気が流れ込んだため流れ込んだ領域の地上気圧が上がり、等圧線の形を変えた結果です。

図 4-7
やませのときの
天気図

一方、奥羽山脈を挟んだ日本海側では、山脈に遮られるためやませの影響をほとんど受けず、逆に晴天が続き太平洋側に比べ気温は高くなります。

D　台湾低気圧

　台湾付近や東シナ海方面で発生し、日本の南海上へと東進してくる低気圧があり、「台湾低気圧」あるいは「東シナ海低気圧」と呼ばれ、主に春先に現れます。日本列島の南海上まで移動してくると「南岸低気圧」とも呼ばれます。

　この低気圧は、発生の兆候が独特の気圧パターンとして現れることから、昔から予報関係者に知られていました。図4-8は台湾低気圧の天気図で、その低気圧の発生と発達を眺めた天気図です。ちなみに11日の天気図で、台湾付近に停滞前線がありますが、そのすぐ北側の等圧線の形がお坊さん

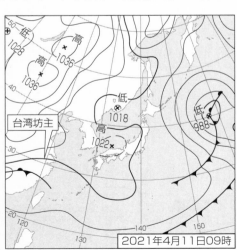

図4-8
台湾低気圧の天気図
(a) 台湾付近に「坊主形」の等圧線のふくらみがある

(b) 前線が低気圧に発達し、九州の南海上に進む

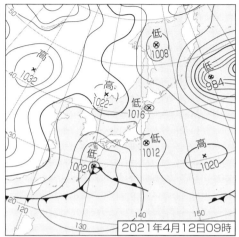

2021年4月12日09時

(c) 低気圧が発達しながら本州南岸を進む
（南岸低気圧）

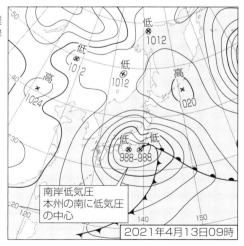

南岸低気圧
本州の南に低気圧の中心

2021年4月13日09時

の頭に似てふくらんでいることから、かつて「台湾坊主」と呼ばれていました。等圧線がこのようにふくらむのは、前線上に低気圧が発生しかかっていることを示します。

　低気圧が発生すると高層まで続く構造となり、高層の偏西風の波動とともに東へ移動し、九州、東海、関東地方へと西から順次、雨天となります。かつて予報官は、天気図から「台湾坊主」を見てとることで、低気圧発生1日前から数日間の天気の予想ができ、予想をバッチリ的中させていました。コンピュータによる予報天気図が作成される以前の時代のことです。

　南岸低気圧は、「関東地方の雪」にも深い関係があります。このような低気圧が3月頃南岸を東進する際は特に要注意で、低気圧周囲の反時計まわりの気流で、北東からの冷たい空気が関東に流れ込み、低気圧がちょうど関東の南にさしかかったところで、雨が雪に変わります。

　予報関係者の間には、南岸低気圧で雨か雪かは、上空1500m付近（850hPa天気図）の気温がマイナス5℃前後であることと、低気圧の中心が八丈島付近を通ったときであるという経験則があります。

　しかし、南岸低気圧によって、関東地方が雪となるかの判断は、数値予報が発達した現在でも、予報者の頭を悩ませる難しい問題です。上空で形成された雪が落下する際、0℃以上の空気の層が薄い場合は、雪が融けきる前にその空気層を抜けて、地表に達しますが、逆に0℃以上の空気層が十分厚い場合は、雪は途中で融けてしまいます。

　あるいは、雪が融けることで周囲の空気から熱（凝結熱）を奪って周囲の空気が冷やされる場合は、周囲の空気が氷点

下になれば、雪は融けないこともあります。また、空気が乾燥している場合は、雪が蒸発することで、周囲の空気からさらに熱を奪うため、降り始めは雨でも、しだいに雪に変わることがよくあります。雪が降ることで空気が冷やされる効果もあわせて考える必要があるので、雨として落ちてくるか雪として落ちてくるかの判断が非常に難しくなるのです。

　また、このような現象の複雑さに加えて、南岸低気圧がやってくるのは本州の南方海域であるため、後述の数値予報の初期値に必要な観測データがまばらであることも、予測を難しくしています。

　台湾低気圧発生の原理については、前述の姉妹本における解説も少し紹介しておきます。

　台湾付近や東シナ海は、大陸と海洋の境目にあり、大陸と海洋では日射による暖まり方が違うので、温度差ができやすい領域になっています。これによって停滞前線が発生します

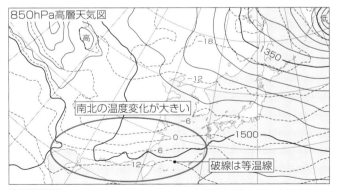

図4-9　台湾低気圧発生のときの高層天気図の例　台湾付近で南北の温度差が生じている（等温線の間隔が狭い）。2008年2月2日9時

が、前線の南北の温度差が強まると、前線が屈曲して渦が生まれて低気圧になります。低気圧発生の典型的なモデルの一つです。

　図4-9の850hPaの高層天気図で見ると、台湾付近や東シナ海で南北の温度差が大きく、等温線の間隔が狭い領域となっていることがわかります。このとき上空の気圧の谷はまだ顕著ではありませんが、翌日には、図4-10の850hPaの高層天気図で等温線を横切る風による「寒気移流」や「暖気移流」があり、これが気圧の谷を深める原因となり、低気圧が発達します。このように高層天気図の「寒気移流」や「暖気移流」を見て取ることが、かつての人による天気予報に活用されていました。

　また、先に「関東が雪」の予報で1500m付近（850hPa天気図）の気温が－5℃前後で雪となることを述べましたが、図4-10の例では、関東は0℃と－6℃の等温線の間にあり、

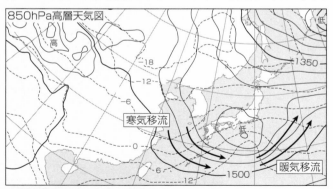

図4-10　台湾低気圧が発達中の高層天気図の例　等高度線を等温線が横切り、寒気移流や暖気移流が起こっていることがわかる。2008年2月2日9時

予報が難しい例の一つです。

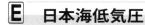 日本海低気圧

　低気圧は一般に西から東に進みますが、図 4-11 に示すように日本海に入って北東進する場合があり、「日本海低気圧」と呼ばれます。本州全般に低気圧に吹き込む南寄りの風が強まることが特徴です。

　冬が終わりに近づく 2 月ごろに、その年初めて吹く強い南風が気温の上昇をもたらすとき、その風を観測した地域における「春一番」と命名しますが、春一番をもたらすのもこの日本海低気圧です。

　南風が、立山連峰や中央アルプス、奥羽山系などを乗り越え、北側に吹き下るとき、しばしば「フェーン現象」を引き起こします。過去に、主に春先から初夏、秋にかけて 40℃

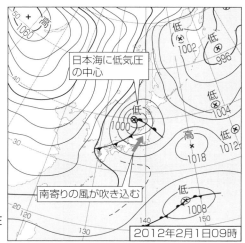

図 4-11
日本海低気圧
の天気図

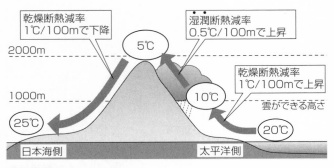

図4-12 フェーン現象

を超える高温を富山、新潟、山形などで記録しています。

　図 4-12 は「フェーン現象」のモデル図です。この現象の
エッセンスは、山の斜面に沿って上昇する湿潤な空気塊が途
中で飽和に達し、その後は「湿潤断熱減率(約5℃/km 程度)」
で冷えるため、降水としてほとんど落下してしまいます。そ
して頂上から吹き下ろすときは「乾燥断熱減率（10℃/km）」
で暖まることから、その差だけ、山の風上より、風下で高温
となり、また空気も乾燥します。この図の場合は5℃高温と
なります。

F　爆弾低気圧

　図 4-13(a) の天気図では、南北に連なる低気圧が九州から
北海道まで覆っており、全国的な雨や雪をもたらしています。
上空では1つの気圧の谷ですが、地上ではこのように2つの
中心をもった低気圧として現れることがあり、**二つ玉低気圧**
と呼ばれます。

　(b) の天気図は翌日のものですが、低気圧の中心が1つに

(a)
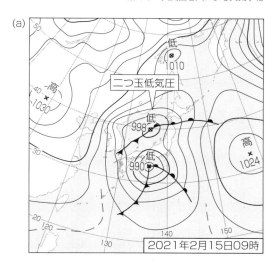

二つ玉低気圧

2021年2月15日09時

(b)
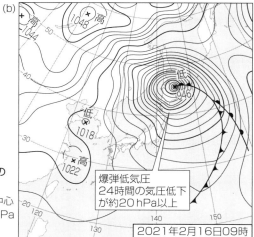

爆弾低気圧
24時間の気圧低下
が約20hPa以上

2021年2月16日09時

図4-13
**爆弾低気圧の
天気図**
24時間で中心
気圧が44hPa
低下した。

まとまり、24時間で中心気圧が40hPa以上も下がる発達ぶりを見せました。北日本を中心に全国的に風が強まり、北海道では猛吹雪となりました。

　低気圧は、（二つ玉低気圧に限らず）ときおり急激に発達する場合があり、**爆弾低気圧**などと呼ばれ、天気は全国的に大荒れとなります。爆弾低気圧は「bomb cyclone」の和訳で、50年近く前に大西洋を横断中の豪華客船クイーン・エリザベスⅡ世号が猛烈に急発達する低気圧に襲われる事故が起きたのをきっかけに、この呼称が使われるようになったといわれており、24時間の気圧低下が約20hPa以上のものを指します。

　すでにふれたように、低気圧の後面（西側）での「寒気移流」と前面での「暖気移流」が強いほど低気圧は発達します。さらに立体的に見ますと、低気圧性の渦の中心が上空に行くほど西に傾いているほど発達することが知られています。したがって、低気圧が今後発達するか否かの予測は、地上と高層天気図の解析によって比較的容易です。

　この天気図のように低気圧に向かって洋上の湿潤な空気が吹き込む場合は、台風の発達と同じように凝結による潜熱の放出が加わるため、まさに台風並みに発達します。なお、現在は、数値予報による週間予報でも、このような爆弾低気圧の発生の予測が可能です。

　また、爆弾低気圧は、わずか1日程度で急速に発達することから、登山者にとっては要注意です。当然、低気圧の圏内では気圧傾度が非常に大きいことから、台風並みの激しい風が吹いています。特に春先に、爆弾低気圧が日本海を北東に進む場合は、日本列島全体に南寄りの暖かい風が吹くため、

山岳地域の雪が一気に融ける融雪洪水が起きるので注意が必要です。

G　寒冷前線の通過

　前述の台湾低気圧が南岸低気圧として日本列島の南岸を通過したときには、雨をもたらしても前線の通過はありませんが、もっと北を通るコースの低気圧が通過するときには、低気圧の中心からのびる温暖前線や寒冷前線が通過します。図4-14は、日本海低気圧からのびる発達した寒冷前線が日本列島を通過する直前のものです。

　このような天気図のとき、前線の通過予想時刻に短時間の雷雨や突風を予報することができます。寒冷前線は寒気が暖気を上空に激しく巻き上げながら進むため、積乱雲が発達し、激しい雷雨をもたらします。発達した積乱雲は、しばしば突

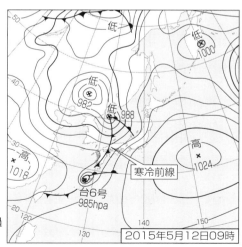

図4-14
寒冷前線通過
の天気図

167

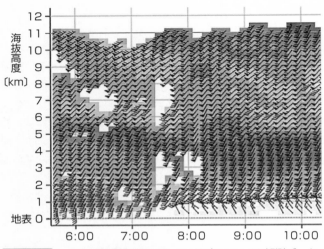

図 4-15　寒冷前線通過前後のウィンドプロファイラ観測データ
2012 年 5 月 12 日　鹿児島県市来

風ももたらします。激しい雨を降らせる段階まで発達した積乱雲の内部には、降雨にともなう激しい下降気流もあり、その下降気流が地面にぶつかって四方へ広がり、突風となります。まれに竜巻が発生することもあります。

　寒冷前線の通過にともなう天気の急変は、中学校理科の教科書でも学習内容に取り上げられ、よく知られる現象です。

　天気図の等圧線をよく見ると、前線のところでカクンと折れ曲がっていますが、これは風向の急激な変化が起こることを示します。地上の風は、等圧線に対して 30 度くらいの角度で吹くことを考えて風向きを記入してみればわかります。

　図 4-15 は、ウィンドプロファイラで観測された前線の通

過前後の風のようすです。　午前 7 時過ぎに風向きが南西から北西に急変していることがわかります。

　特に春先の場合には、北の寒気がまだ強いことから、通過時は背の高い積乱雲やにわか雨をともないます。加えて上空に強い寒気が入っている環境下では大気が不安定になっているため、前線の通過時に、突風と激しい雷雨が起こりやすく、たびたび雹をともないます。

H 梅雨型

　梅雨になると、図 4-16 のように天気図に梅雨前線が形成されます。前線を境に北の「オホーツク海高気圧」から吹きだす冷たい北寄りの風と、南の「太平洋高気圧」がもたらす暖かく湿った南寄りの風が押し合う形となります。前線が本州付近に停滞すると曇天で雨がちとなりますが、北に押し上

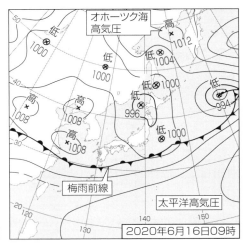

図 4-16
梅雨型の天気図

げられると夏のような晴れ間に、逆に南に下がると梅雨寒となります。

　ときおり前線上に低気圧が発生して東進し、思わぬ大雨をもたらします。低気圧の発達の有無やスピードによって、当然、雨量の分布も異なります。かつての予報官は、低気圧が発生する前段には前線の南北への蛇行が現れる、あるいは南からの湿った気流の流入などが見られることに注目し、予報を行っていました。現在では、後述するコンピュータによる数値予報でこのような低気圧の発生も十分に予測可能になっています。

　西日本では、前線の南北での気温差はあまりなく、そのかわり湿度の差があります。前線の南側は、太平洋高気圧の西の縁を回り込んできた風が、海面水温の高い海域で水蒸気を

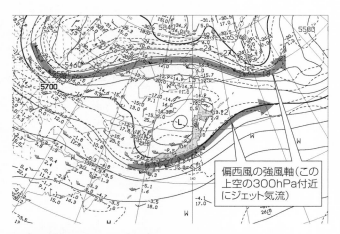

偏西風の強風軸(この上空の300hPa付近にジェット気流)

図4-17　梅雨前線が日本列島にかかるころの高層天気図
500hPa　2021年5月22日

多く供給され、湿った気流が流れ込みます。また、前線の北側では、夏の日射で高温となった大陸の上を吹きわたってきた乾いた空気が流れ込んでいます。これらの湿った高温の気流と乾いた高温の気流が、梅雨前線でぶつかり合っています。

　このように、梅雨前線の東と西では性質が異なり、東側では陰性の梅雨（低温で雨量は少ない傾向）となり、西側で陽性の梅雨（高温で雨量が多い）となる傾向があります。また、梅雨の末期には、東日本でも陽性の傾向を示して雨量が多くなりますが、そのあと梅雨明けすることがよく見られます。

　梅雨時期の高層天気図の一例が図4-17です。日本列島の上空に偏西風の強いところがあり、梅雨前線が日本にかかるときは、つねに上空にはこのような偏西風ジェット気流があります。前線では暖気が寒気の上側へと上昇しますが、この上昇した気流はジェット気流に合流しています。

　梅雨が明けるときは、図4-18に示すように、前線の上空に位置したジェット気流が北海道の北あたりの緯度まで一気

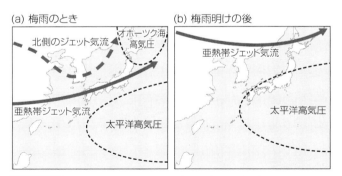

図4-18　梅雨のときと梅雨明け後のジェット気流の位置

にシフトするようすが見られることがあります。そのような
ときは、すっきりと梅雨明けの宣言を行うことができます。

1 冬型・西高東低型

　冬の典型的な気圧配置として知られる**西高東低型**の例であ
る図4-19は、シベリア大陸上に1040 hPaを超える高気圧、
本州の東海上には980 hPa規模に発達した低気圧という気圧
配置になっています。気圧が「西方で高く、東方で低い」こ
とから「西高東低」型と呼ばれ、等圧線の走行は「縦縞模様」
となっています。

　北日本を中心に気圧が混んでおり、風が強まっています。
冬季に卓越するこのような北西風は**冬の季節風**（北西モン
スーン）と呼ばれます。なお、上空では風は等圧線（等高度線）
にほとんど平行に吹きますが、地上では摩擦の影響で等圧線

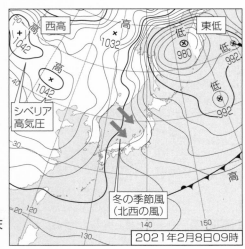

図4-19
西高東低型の天
気図

172

を横切って低圧側に吹き込むという原則があります（図1-5）。この天気図パターンでは等圧線が日本列島全体に南北に走っているので、気圧の低い方に吹き込む「北西風」となっています。

西高東低の気圧配置のもたらす天気は、天気予報でよく解説され、中学校理科の教科書でも解説されています。このような天気図の場合、シベリア大陸から吹きだす風が、日本海上を吹き渡るときに水蒸気の補給を受け、風に沿って筋状にならぶ積雲を発達させ（ロール雲と呼ばれる）、日本海側の地方に雪を降らせます。

山脈の風上斜面で雪を降らせてしまった気流は、山脈を越えて乾いた気流として斜面を下ります。このように、西高東低のときは、北陸地方では雪、関東地方の太平洋側などでは逆に晴れとなり、この大まかな天気の傾向は天気図から確実に読みとれます。

しかし、雪がどの程度の積雪量になるか、日本海側の地方とはいっても、具体的にどの県のどの地方か、山沿いか、海沿いかなど、生活に影響の大きい積雪であるゆえ、できるだけ具体的な予報が求められてきました。

北陸地方の積雪分布は、山間部に降る**山雪型**と平野部に降る**里雪型**に大別されますが、現在では数値予報で十分予測可能です。かつては高層天気図や「輪島」のラジオゾンデのデータなどを用いて予測していました。

具体的には、「山雪型」では、図4-20のように日本海は気圧の谷の西側（本来高気圧の発達しやすい場）にあり、大気は安定な構造です。また、大陸からの寒気が下層に流れ込むことも本来大気を安定にします。しかし、日本海へ流れ込ん

173

だ下層の寒気は、しだいに暖流によって暖湿となり、下層が不安定に変わって対流性の雲を生じさせます。生じた対流性の雲は、中層や上層の大気の安定な構造により発達が抑えられているので、そのまま本州へたどり着きます。これらが本州の山脈にぶつかって上昇気流が強まり積乱雲が発達するこ

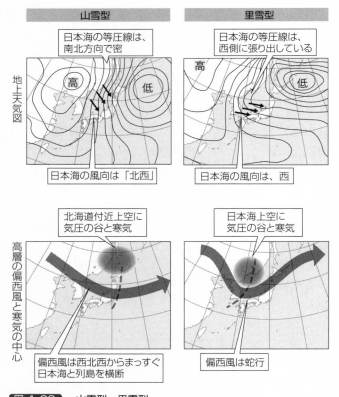

図 4-20 山雪型・里雪型

とで、山沿いを中心に降雪が多くなります。これが山雪型です。

　一方「里雪型」の場合は、偏西風の流れが蛇行して、日本海の上空に気圧の谷と寒気の中心があります。このため、（下層は大陸から流れ込む寒気で安定していますが）中層の大気が不安定となっています。日本海へ流れ込んだ下層の寒気は、しだいに対馬海流（暖流）の暖かい海水によって暖湿となり、下層が不安定に変わります。そして対流性の雲が生じると、中層もすでに不安定になっているため、さらに発達して積乱雲となり、雪を降らせながら上陸してくるため海沿いの地域でも降雪が多くなります。

　地上天気図で見た場合にも、等圧線の形に違いがあります。山雪型では等圧線はほぼ南北に走り、間隔が狭くて北西の風が強くなっています。里雪型では、等圧線が西側に張り出すように湾曲していて、日本海の風向きは西になっています。この風向きの違いのせいで、里雪型では、中国地方の日本海側でも雪になりやすい特徴があります。

Ｊ　夏型・南高北低型

　夏になると、「太平洋高気圧」が発達し、その西端は図4-21のように日本の南海上に位置する小笠原諸島を覆うようになり、「小笠原高気圧」とも呼ばれます。気圧は日本の南で高く、北の大陸側で低くなるため「南高北低」とも呼ばれます。図のように小笠原高気圧の等圧線が九州の西の海上まで延びて、西縁がクジラの尾のように北に跳ね上がっているときは「クジラの尾型」と呼ばれ、予報者の間にも、昔から安定した夏型として知られていました。

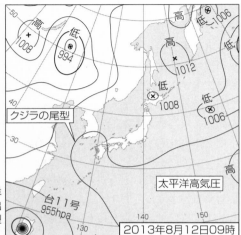

図 4-21

南高北低型の天気図

日本の南に太平洋高気圧が張り出し、クジラの尾型になっている。

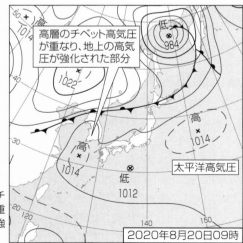

図 4-22

猛暑の天気図

太平洋高気圧にチベット高気圧が重なり高気圧が強まった。

　一方、夏季、チベット高原では日射による加熱で気柱が温められ、地上付近で低気圧、上空で高気圧になります。チベット高原の上空に形成された高気圧を「チベット高気圧」と呼びます。

　夏のチベット高気圧は、ときおり日本列島の南にまで張り出してきます。このようなときには、小笠原高気圧の上空にチベット高気圧が重なるため、勢力の強い高気圧となり、一段と猛暑となります。図4-22はその天気図で、クジラの尾型のチベット高気圧が重なったところがさらに強化され、太平洋高気圧の西側にもう一つの高気圧の中心ができた天気図となっています。

K　上空の寒気によるゲリラ豪雨

　ゲリラ豪雨についてもふれておきたいと思います。ゲリラ豪雨には明確な定義はなく、一昔前に夏の午後の急な雷雨を「夕立」と呼んでいたものも、今は「ゲリラ豪雨」とニュースで伝えられることがあり、日常的にもそう呼ばれている印象があります。突発的で、かつ天気予報による正確な予測が困難で急に襲ってくる激しい雨をさして「ゲリラ」などと物騒な言葉が使われているのでしょう。正式な気象用語ではないものの、ピンポイントで降るこの激しい雨は、日時場所（いつ・どこで）の正確な予想が困難というのはその通りです。

　図4-23は、ある初夏の日の地上天気図です。高気圧が日本全体を覆っており、誰しもが今日は晴れるなと思います。しかし、朝の予報では、「全国的に晴れますが、大気が不安定なので、にわか雨や雷雨に注意」でした。実際はどうだったのでしょうか。この日は確かにあちこちで散発的な雷雨が

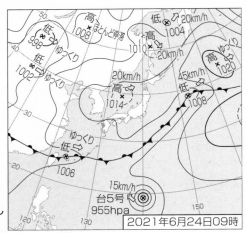

図 4-23
雷雨が多数発生したときの天気図

発生し、栃木県では「大雨警報」が出され、3時間で60mmを超える降水量が観測されました。

　図4-24は、500 hPa（約5000m）の天気図です。日本列島はオホーツク海から南西に伸びる気圧の谷の後面（西側）にあたり、北西の風で、500 hPaでは−12℃〜−15℃、300 hPaでは−40℃前後の寒気が流入しています。このことは大気が不安定で、ひとたび日射や山岳周辺で上昇流が起きれば、対流が起きる可能性がある大気の状態を表しています。

　すでに触れたように対流圏の気温減率の平均は6.5℃／kmですから、地上と5km上空との温度差は32.5℃となります。したがって、寒気の流入の目安は、季節を問わず地上と5km付近の高度（500hPa天気図の高度）の温度差が33℃を超えるような場合です。図4-23および図4-24の日の地上気温を調べると20〜25℃程度でしたので、20−33＝−13℃あ

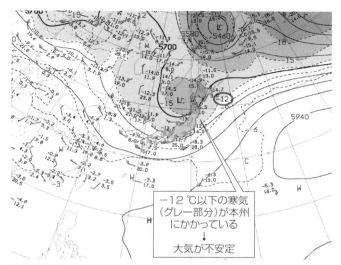

－12℃以下の寒気
（グレー部分）が本州
にかかっている
↓
大気が不安定

図 4-24　急な雷雨が多数発生したときの高層天気図 500 hPa
本州に －12℃や －15℃の等温線がかかり、上空の寒気の存在を示
している。

るいは 25 － 33 ＝ －8℃ 以下で、大気は不安定ということにな
ります。

　気象庁では、大気の不安定さを表す指標として「発雷確率」
を作成していますが、やはり下層と約 5 km 上空の温度差を
用いています。温度差が 40℃ にもなれば、非常に不安定と
なり激しい雷雨が発生します。雹をともなったり、まれには
竜巻の発生もあります。

　同じ高気圧を眺める場合でも、このように高層天気図を参
照して、大気の場を立体的に見る必要性を示しています。

後編

コンピュータによる予報の時代へ
──数値予報とはなにか

第 5 章

大気をシミュレートする
数値予報

本章では、数値予報——大気のモデルによるシミュレーション——の原理をなるべく少ない記述でわかるように説明したいと思います。とはいえ、使われる物理の法則、つまり方程式がどのようなものかをふせたままでは、理解したという実感は得られないでしょう。これから行う解説には物理学の方程式の内容を含みますが、数式の詳細の理解は本書の目的ではありません。数式を「絵」のように眺めながら、その意味だけがつかめるように解説を進めたいと思います。

まず数値予報の始まりの話からスタートしましょう。

1 数値予報の始まり

ある試み——リチャードソンが構想したもの

数値予報の歴史を手短にたどれば、世界で初めて、寒冷前線などをともなう「温帯低気圧モデル」を提唱したノルウェーのビヤークネス（Vilhelm Bjerknes）は、1904 年に物理法則に基づいた気象予測の可能性を示唆しました。

1922 年、イギリスのリチャードソン（Lewis Fry Richardson）は数値予報の計算アルゴリズムを発表し、6 時間分の予測計算を 1 か月以上かけて計算尺で行いました。しかし、残念ながら、用いたモデルの計算過程に難点があったため、低気圧とは異なる非現実的な大きな気圧変化を予測してしまい、野心的な試みは失敗に終わりましたが、紛れもなく現在の「数値予報」の本質を見せたものでした。

リチャードソンは、その著書の中で、「64000 人が大きなホールに集まり一人の指揮者の元で整然と計算を行えば、実

際の時間の進行と同程度の速さで予測計算を実行できる」と提案しました。指揮者のタクトの一振り、一振りにしたがって、各格子点の計算担当者が、ワンステップ分の積分計算を進めていくイメージです。数値予報の将来を信じたこの言葉は、「リチャードソンの夢」として今も語り継がれています。

数値予報の実用化

　リチャードソンの提唱から約20年後の1946年、「プリンストン高等研究所（Institute for Advanced Study）」にいたフォン・ノイマン（John von Neumann）は、シカゴ大学気象学教室のロスビー（Carl-Gustaf Rossby）と協力して、手計算ではなく電子計算機（コンピュータ）を用いた数値天気予報の開発を進めるべく、前述のアメリカの新進気象学者チャーニーを招いて実際に予測計算を行いました。アメリカ気象局は1955年、その成果を受けて電子計算機「IBM701」を導入して数値予報を実用化しました。

　その4年後の1959年に日本の気象庁でもIBM704を導入し、アメリカに次いで数値予報を開始しました。IBM704は日本が行政用に導入した初めての電子計算機で、導入当時は大きな話題となりました。ただし、電子計算機と呼ばれてはいましたが、約8000本の真空管をリレーとして、またメモリーに磁気テープを用いたもので、今日のパーソナルコンピュータにも遠く及ばないものでした。そのため、当初の数値予報の結果は思わしくなく、現場の予報官の信頼を得るまでにはかなりの年月を必要としました。

　その後、気象庁では数値予報の改良が進められ、また、最新のコンピュータに更新して計算能力を向上させ、さらに気

象衛星などによる新たな観測データの利用を進めた結果、現在の数値予報の精度は格段に向上し、今日では数値予報は、予報業務を支える根幹として不可欠なものとなっています。

コラム　日本の数値予報の父

　数値予報を生みだしたノイマンやチャーニーらの研究グループは、「プリンストングループ」と呼ばれています。日本の数値予報の父とも称される岸保勘三郎は故人となりましたが、1952年チャーニーに招かれて、29歳のとき単身で渡米し、帰国後は、気象庁と大学で「数値予報グループ」を結成しました。

　その後、1960年に日本で開催された「第1回数値予報国際シンポジウム」で二人は再会を果たしました。筆者（古川）は2008年、数値予報の歴史を尋ねて、在米の日本人気象学者や前述のプリンストン高等研究所を訪問した際、かつてチャーニーが岸保に宛てた丁寧な招待レターを発見し感動しました。

2 数値予報の実際

⚙ 数値予報とは

　現代の気象予報の中核をなすのはコンピュータによる**数値予報**です。使用されるコンピュータには、前編で解説してきたような季節ごとの天気図やそれによって起こりやすい天気のパターンなどがプログラムされているのではありません。また、低気圧や台風のモデル、前線の種類による天気の特徴

などがプログラムされているのでもありません。

　もっとも、初期（1950年代）の数値予報では、「地衡風」
——上空の風は等圧線に平行に吹くという理論上の風——の
考え方（準地衡風モデル）が用いられてプログラムがつくら
れていました。

　すでに第1章では、地衡風は気圧傾度力とコリオリ力がバ
ランス（平衡）した結果、等圧線（等高度線）にほぼ平行に吹
く風であることを説明しました。ただしより正確な地衡風の
定義は、等圧線が平行で直線になっており、しかも時間がたっ
ても変化しないと仮定したときに吹く「仮想的な」風です。

　日々の高層天気図を眺めると、ほぼ地衡風といえるような
風が吹いているようにも見えますが——本書でも高層天気図
を概観するときはそのように解説してきましたが——、「近
似的」にそうであるということです。

　地衡風と実際の風との間にある差を**非地衡風成分**といいま
す。実は、この成分があることが高気圧・低気圧の発達に寄
与しています。気圧の谷の西側に偏西風が「収束」する場所
ができて高気圧が発達する、気圧の谷の東側に偏西風が「発
散」する場所ができて低気圧が発達する——これらのことを
第4章で解説しましたが、「収束」や「発散」は、地衡風か
らずれた「非地衡風成分」があることにともなうのです。で
すから、前述の準地衡風モデルを数値予報モデルに用いると、
偏西風波動による高気圧や低気圧の発達を正確に予想できな
いであろうことが想像できるかと思います。

　気象を支配するより基本的な法則は、物理学の基本的な方
程式です。現在の数値予報は、物理学の教科書に載っている
基本的な物理法則と大気の状態にかかわる「数値」だけをも

とにして、将来の大気の状態を数値としてはじき出そうとする手法です。

☞ 格子点値（GPV）

数値予報では、地球大気を水平方向にも垂直方向にも細かく区切ったモデルを仮想します。図 5-1 は、大気の厚さや格子の間隔は実際と異なりますが、地球全体の大気を格子で区切ったイメージです。

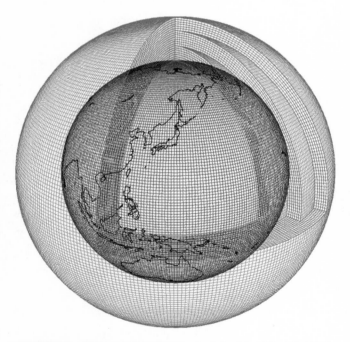

図 5-1 　地球大気を格子で区切ったイメージ　(画像：気象庁提供)

　格子内の大気の状態を、格子内の 1 点である**格子点**に「数値」で与えるのが数値予報の出発点です。格子点は、観測をもとした気圧や温度などの初期の数値を与える点となるだけでなく、数値予報の結果の数値が得られる点ともなります。

　これらの数値を**格子点値**（GPV: グリッド・ポイント・バリュー： Grid Point Value）といいます。観測された数値か予報された数値かにかかわらず、格子点に与えられる数値は格子点値と呼びます。何度も出る言葉なので、本書では今後、格子点値を GPV と略して表記しますが、覚えにくいかもしれないので要所要所で「GPV（格子点値）」のように表記することにしましょう。

　大気の仮想的な格子に GPV を与えて大気の状態を表し、計算式を組み込んで大気の運動や変化を表すようにしたプログラムを**数値予報モデル**と呼びます。

　図 5-1 は地球全体の予測を行う**全球モデル**（GSM：Global Spectral Model）の格子のイメージですが、本書では今後、特にことわりがなければ、この「全球モデル（GSM）」の場合の数値予報について解説していきます。予報天気図や、明後日や週間の天気を予報するもととなるのは、この全球モデルです。

格子のサイズと数

　図 5-2 のように 1 つの格子に着目してみましょう。格子 1 つは、水平方向では約 20 km 四方です。ただし正確には、地球の経線や緯線に沿って格子を区切るので、低緯度と高緯度では格子の水平方向の長さが異なります。また、高緯度では格子間隔が短くなりすぎないように、格子の数を少なくし

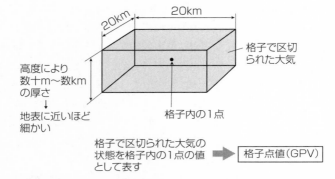

20km

20km

高度により
数十m～数km
の厚さ

↓

地表に近いほど
細かい

格子で区切
られた大気

格子内の1点

格子で区切られた大気の
状態を格子内の1点の値
として表す ➡ 格子点値（GPV）

図 5-2 　**格子点値（GPV）**　示した格子のサイズは全球モデル
の場合である。

てあります。実際の数値予報の計算ではこれらの要因で格
子の1辺の長さが場所によって異なりますが、平均的には
20kmと考えて話を進めましょう。

さて、格子で区切る大気の鉛直方向の範囲や格子1つの高
さについても見ましょう。範囲は、地表から50～60kmの
上空までであり、成層圏上面を少し超えたあたりまでを対象
としています。雲ができるなど気象が活発なのは対流圏です
が、成層圏にも地球を1周するジェット気流が吹いており、
対流圏の気象に影響をおよぼすので成層圏まで含めたモデル
が必要です。

また鉛直方向は60層に区切られており、下層では細かく
数十mあるいは数百mごと、上空ほど間隔が長くなり対流
圏界面付近では数kmごとになっています。対流圏の範囲で
は30層くらいで、水平方向に比べて、鉛直方向にはかなり
細かく区切られています。

#FT	時刻 (UTC)	気圧 （hPa）	海面気圧 （hPa）	東西風 (m/s)	南北風 (m/s)	気温 (K)	湿数 (K)
0	2021/03/28 12UTC	1007.6899	1010.3291	0.4146	1.9417	289.4860	1.9299
1	2021/03/28 13UTC	1007.4385	1010.0833	-0.5860	2.0684	289.2050	1.2968
2	2021/03/28 14UTC	1005.7236	1008.3589	-1.1491	3.7000	289.5182	0.9155
3	2021/03/28 15UTC	1003.9536	1006.5839	-1.5545	2.3181	289.4823	1.0270

\# モデル：　　　局地モデル (LFM)
\# 初期値時刻：　2021/03/28 12UTC
\# 格子点緯度経度：139.729E, 35.691N 東京の近くの格子点、地上

図 5-3 **格子点値（GPV）の例**　地上の GPV の例。GPV は、数値だけからなるデータセットである。

　格子で区切られた直方体の小部屋に、1つの GPV（格子点値）があり、気象を表す数値が割り当てられます。例えば、地上の GPV の例は、図 5-3 の数字部分だけのようなもので、GPV は単なる数値の集まりです。地上近くの GPV と、高層の GPV では項目が少し異なるのですが、おおまかにいうと GPV は、

・気圧
・風速（東西、南北、鉛直方向の各成分）
・気温
・湿度（湿数＝気温と露点との差）

の数値で構成されたデータセットとなっています。これらの数値をもとに、物理法則にしたがって計算を行い、将来の GPV をはじき出すのです。

　数値予報が地球大気のシミュレーションであると初めて聞いたときは、飛行機操縦のシミュレータやゲームの世界のよ

うに、３Ｄ画像で描き出す地球を想像したかもしれません。しかしそうではなく、実際の数値予報は、格子点における数値だけで大気をシミュレーションするのです。

さて、ここまでの解説を経て、いろいろな疑問が湧き起こったのではないでしょうか？　例えば、

「すべての格子点で観測値があるのだろうか？　そんなに細かく観測していないのではないか？」
「具体的にどんな物理法則が使われるのか？」
「計算するというが、どんな計算なのか？」
「20 km より小さなスケールの雲の影響は考慮されているのだろうか？」
「海か陸かの違い、地形の違いなどが考慮されるのだろうか？　森林地帯と砂漠地帯での違いは？」
「GPV の気圧、風、気温、湿度などだけで、本当に地球大気を表現できるのだろうか？」
「GPV が得られたとして、それで天気を予報できているのか？」

など……、疑問に感じて当然です。これから疑問を解いていきましょう。

3 シミュレーションの準備
——全格子点にデータを与える

客観解析

　数値予報には図5-4に示すような3つのステップがあります。①客観解析（データ同化）、②数値予報（本計算）、③天気翻訳（後処理）です。①と②は本章で順に解説し、③は第6章で解説することにします。

　この最初のステップ、**客観解析**（データ同化）について考えましょう。

　数値予報を開始する際、モデルのすべての格子点で観測を行い、GPV（格子点値）を与えることができれば理想的です。しかし、現実の気象観測は極めてまばらで、理想に遠くおよ

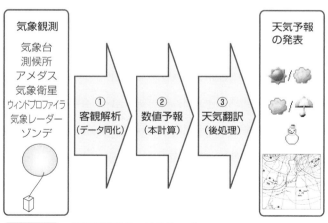

図5-4　数値予報の3つのステップ

びません。

　しかも、第3章で示した観測網のような実際の観測点は、モデルの格子点と一致するように配置されているわけではないので、モデルの格子点における観測値はほとんどありません。全格子点で観測値を得るまで数値予報が実現しないとするならば、いまだに数値予報は実用されていないでしょう。

　そこで用いられた手法には、主に2つがあります。ここからは、説明のため、計算のもとにする格子点値を「元GPV」、数値予報の結果として出力された格子点値を「予報GPV」と区別して呼ぶことにします。

　1つめの手法は、数値が空白になっている格子点の周囲の観測値から、類推で数値を導き——例えば両側の近くの観測値が2と4だったらその間の格子点における値は3とするというような類推で——とりあえずGPVを与えることです。これにより、とりあえず数値計算に必要なすべての元GPVを決めてしまいます。そして数値予報の計算を実行します。

　このような方法では、正確な予報にはならないと感じるかもしれません。しかし、もう一つの手法を加えると、精度をもっと高めていくことが可能です。

　数値予報は途切れず継続して行われており、たとえ観測値に基づく元GPVが欠けていても、直近の過去の数値予報による予報GPVはすべて揃っています。簡単にするため、まず、新たな数値予報を行う際、計算のもととする元GPVはすべて直近の過去の予報GPVを用いると仮定して考えましょう。これにより、数値予報の計算に必要な元GPVは空白がなくなり、常に数値予報の計算を実行することができます。これは運用上とても便利です。「本日は観測値が不足したから、

数値予報の計算ができませんでした」ということは、ないわけです。

　しかし過去の予報 GPV をもとにした計算なので、そのまま繰り返し行っていくと、実際の地球大気と数値予報で表すモデルがどんどんずれていってしまいます。

　そこで、数値予報で導かれた直近過去の予報 GPV と、実際にその格子点の周囲で同時刻に観測されたデータとを比較します。すると、直近の過去の予報 GPV に含まれる不適切な数値——実際の観測値と整合性がない数値——が見つかります。その数値を補正して、新たに適切な元 GPV とし、次の数値予報で計算を行うのです。

🗝 データ同化

　予報のもとにするデータとして、実際の観測値でなく過去の予報値を使うのは、最初聞くといいかげんな方法に思えると思います。しかし、数値予報は途切れなく続けられているので、予報 GPV を実際の観測値で補正することを繰り返して行うと、しだいに信頼性の高いデータのセットとなっていきます。このような手法は、情報処理の分野で、一般的に**データ同化**と呼ばれているものです。

　理化学研究所の「データ同化研究チーム」による WEB ページでの解説がわかりやすかったので次に引用しましょう。

　「シミュレーションは現実世界をモデル化して行われるので、その結果と現実世界の間にはどうしてもずれが出てきます。そこで、シミュレーションを実際の観測データとつきあわせ、シミュレーションの軌道を修正して『確からし

さ』を高めることが行われています。これが『データ同化』です。」

　データ同化は、地球科学のさまざまなシミュレーションで活用されています。

4　数値予報に活用する物理法則

🔑 考慮される大気中の物理現象は何か

　どのようにして数値予報の計算を行うのかを考えるにあたり、図5-5を見ながら大気中のさまざまな物理現象を眺めてみましょう。大気中ではどのような物理現象が起こり、どのような物理法則が予報に必要なのでしょうか。

　中央に示されている「大気の流れ」は、空気のかたまりに力（気圧や重力など）がはたらいて風が生じたり、周囲から浮力を得て上昇気流を生じたりする過程です。また空気が膨張して密度や温度が変化するような現象も起こります。

　左側の**放射過程**は、太陽放射（紫外線・可視光・赤外線など）のうち、可視光の成分が大気を通り抜けて地表を暖めたり反射されたりする過程、暖まった大気や地表からの放射（赤外線）が大気に吸収され、赤外線として再放射されたりする過程を表します。大気が放射を吸収すると温度が上がったり体積が膨張したりします。

　右側の**雲・降水過程**は、水蒸気が凝結して雲粒が生まれ、降水現象が起きる過程を示します。降水とともに、空気中の水蒸気量が変化し、凝結する際の熱（潜熱）の放出が空気を

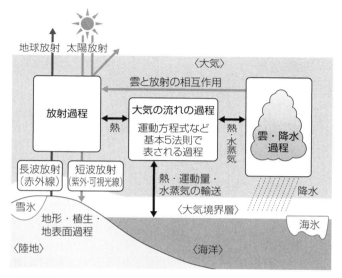

図 5-5 数値予報で考慮される大気中の物理現象など
(参考：気象庁資料)

暖めます。

　図の中央下段に記されている「熱・運動量・水蒸気の輸送」では、地表と海洋からは、それに接する大気に向かって熱と運動量、水蒸気が運ばれ（補給され）、逆に大気から海洋にも運ばれる過程です。「運動量の輸送」は、流体力学の分野で使われる特殊な言葉で、流体（気塊）を動かす力をもたらすものです（詳細は省略します）。

　さらに、大気中の水蒸気は、赤外線などの短波放射を吸収しますから、水蒸気量によって大気の暖まり方は異なり、雲がある場合とない場合でも異なるので、雲と放射過程には相

互作用があります。また、地表では太陽光の反射も起こり、雲や降水は大気の流れに影響を与えることから両者は相互作用の関係にあるなど、現象の相互作用は複雑です。

⚷ 基本法則は5つ

大気中の微小な空気のかたまり（気塊）を想像しましょう。気塊は、ある瞬間に気圧や重力などの外力が作用すると動き出そうとし、熱が加えられると温度が上昇しようとし、同時に体積も変化し、密度も変化します。また、温度が一定値以下に低下すると水蒸気が凝結しようとします。このように、ある瞬間に気塊に力や熱が加わったとき、次の瞬間に運動の速度や温度などがどのように変化するかを支配するのは、物理学の法則です。

図5-5の中央に示した「大気の流れの過程——運動方程式など基本5法則で表される過程」は、具体的には以下の①～⑤の法則で、数値予報のもっとも基本的な計算に用いる物理法則となっています。

① **運動方程式**（ニュートンの第2法則）

運動方程式は高校物理で扱われますが、大気は「流体」であるため、大学で学ぶレベルの数学で表されます。図の中央の大気の流れを支配する法則です。風の予測をすることができます。

② **エネルギー保存の法則**（熱力学第2法則）

空気に熱や放射のエネルギーが加えられたとき、体積が増加したり、温度が上昇したりすることを、エネルギー保存の法則として記述したものです。これも図の中央の大気

の流れを支配する法則です。

③　気体の状態方程式

　　高校で学習するのは $PV = nRT$ と書かれる式で、P：気圧、V：体積、n：粒子数（あるいは質量や密度）、T：温度を表し、R は定数です。

④　質量保存の法則

　　一定体積の立方体に空気が出入りするので、大気全体として質量が保存されることを式に表す必要があり、連続の式と呼ばれる式が立てられます。

⑤　水の保存

　　水蒸気や水滴が移動したり、状態変化したりしながらも、水の質量が保存されることを式に表します。

　それぞれの法則に対して方程式が立てられ、連立方程式になっていますが、これらの連立方程式は、中学校で学ぶ変数 x と y の連立1次方程式をすっきりと解いて解を求めるようなことはできません。また、望んだ日時を入力するだけで物理量を計算できる式を求める——というわけにもいきません。実際の計算は、一足飛びに（ウサギのジャンプのように）進むことはできず、カメの歩みのように小幅に一歩ずつ行われます。風の速度の予想について、その方法を次の節で説明しましょう。

5 数値予報の計算の原理

🔑 運動方程式

　大気——あるいはあらゆる物質——の運動を支配するのは、ニュートンの運動方程式です。小石のような固体を放り投げた場合はもちろん、大気の運動である風の時間変化も、この法則に支配されます。高校物理で学ぶように、

$$F = ma \quad (F：力、m：質量、a：加速度) \cdots\cdots ①$$

と表され、この式は、質量 m の物体に力 F が加わると、加速度 a で運動することを意味します。

　加速度とは、1秒間にどれだけ速度が変化するか——つまり**速度の時間変化率**を表します。「〜の時間変化率」という言い方に慣れないかもしれませんが、これから速度（風速）だけでなく、水蒸気量や温度などいろいろな物理量の時間変化率を考えるので、慣れていきましょう。その物理量が単位時間あたりどれだけ変化するかという値です。ここではまず速度の時間変化率だけを説明します。

　例として、質量5kgの台車に50Nの力を加えたときを考えると、①の運動方程式から、生じる加速度は

$$a = \frac{F}{m} \quad \cdots\cdots ①'$$

と表せるので、

$$\frac{50\,\text{N}}{5\,\text{kg}} = 10\,\text{m/s}^2$$

と計算して導けます。この加速度（速度の時間変化率）は、

静止していた物体が 1 秒後に 10 m/s の速度になり、 2 秒後には 20 m/s の速度になるという変化率を示しています。質量と力がわかれば、物体の速度がどのように変化していくかがわかるということです。

　微小な変化量であることを表すために速度 v や時間 t を、Δv や Δt のように表せば、加速度（速度の時間変化率）は、

$$\text{加速度（速度の時間変化率）} = \frac{\Delta v}{\Delta t} \quad \cdots\cdots ②$$

のようにも表すことができます。

「Δ」の記号が入っただけで難しそうに見えますが、難しい意味は何もなく、例えば Δv が 2 m/s で Δt が 0.5 秒であれば加速度は $\dfrac{\Delta v}{\Delta t} = \dfrac{2 \text{ m/s}}{0.5 \text{ s}} = 4 \text{ m/s}^2$ と計算できるので、ただの割り算だと思ってください。Δ の表現も小さい量であることを示すだけです。多出するので少しずつ慣れることにして先に進みましょう。

　①′ と ② を使って、運動方程式は、

$$\underset{\text{（速度の時間変化率）}}{\frac{\Delta v}{\Delta t}} = \frac{\overset{\text{力}}{F}}{\underset{\text{質量}}{m}} \quad \cdots\cdots ③$$

のようにも表せます。今後は、運動方程式といったらこの ③ 式のことだと思ってください。ここまでの説明を図 5-6 にまとめておきます。

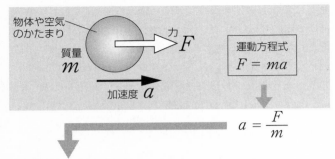

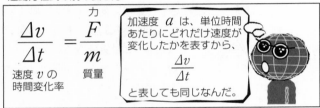

図 5-6 ニュートンの運動の法則（運動方程式）

どんな原理で計算するのか

さて、ここからは具体的な大気の運動を念頭に考えましょう。詳細な理解を目的とするのではなく、どのような原理で数値予報の計算を行うのかを理解するのが目的です。実際の空気の運動は、東西、南北、上下の3次元ですが、ここでは簡略化のため、1つの方向（例えば東西の水平方向）だけの運動を考えます。その方向を表す x 軸での速度を v としましょう。

大気にニュートンの運動の法則をあてはめて考えるとき、

大気の小さなかたまり（**気塊**という）を1つの物体と考え、前述の③の運動方程式をあてはめます。③式の「力 F」に気圧傾度力や重力などの力の和の数値を代入し、③式の「質量 m」に気塊の質量を代入すると、「速度の時間変化率 $\dfrac{\Delta v}{\Delta t}$」を計算して数値で求めることができます。例として、求めた速度の時間変化率の数値は、

$$\frac{\Delta v}{\Delta t} = 2\,\mathrm{m/s^2} \quad\cdots\cdots④$$

であったとしましょう。

　ある時刻に風速が $10\,\mathrm{m/s}$ で、微小時間（例えば 0.1 秒）後の風速を求めてみます。④式の「Δt」に $0.1\,\mathrm{s}$（秒）を代入すると、

$$\frac{\Delta v}{0.1\,\mathrm{s}} = 2\,\mathrm{m/s^2}$$

$$\Delta v = 2\,\mathrm{m/s^2} \times 0.1\,\mathrm{s} = 0.2\,\mathrm{m/s}$$

となります。ここでは、0.1秒間の速度の変化を考えましたから、$\Delta v = 0.2\,\mathrm{m/s}$ というのは、0.1秒後に速度が $0.2\,\mathrm{m/s}$ 増加するということです。

　変化が $0.2\,\mathrm{m/s}$ であれば、変化前の風速が $10\,\mathrm{m/s}$ ですから、0.1秒後の風速は $10\,\mathrm{m/s} + 0.2\,\mathrm{m/s} = 10.2\,\mathrm{m/s}$ というように計算できます。まとめると、予想風速は、

　　　現在の風速　＋　風速の時間変化率　×　微小時間

の計算式で求めたことになります。ここまでの説明を図5-7にまとめました。

　このように、微小時間後の物理量の変化率を計算して、現

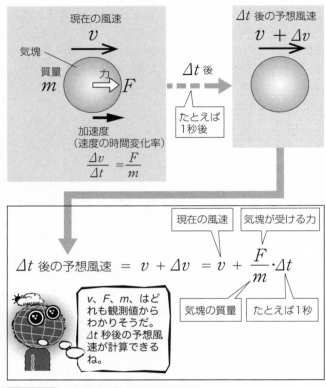

図 5-7 風速の予報値を計算する原理

在の物理量に加えるという単純な計算方法が、「数値予報」
における計算の最も基礎的な方法となっています。この方法
は、風速以外の温度などの物理量についても同様に用いられ
ているので、図 5-8 に数値予報の一般的な計算の原理として
まとめておきます。

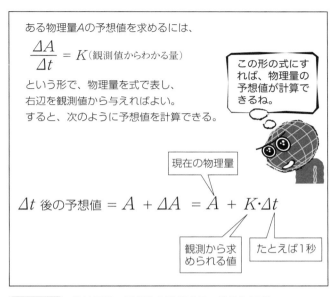

ある物理量Aの予想値を求めるには、

$$\frac{\Delta A}{\Delta t} = K \text{(観測値からわかる量)}$$

という形で、物理量を式で表し、
右辺を観測値から与えればよい。
すると、次のように予想値を計算できる。

この形の式にすれば、物理量の予想値が計算できるね。

現在の物理量

$$\Delta t \text{ 後の予想値} = A + \Delta A = A + K{\cdot}\Delta t$$

観測から求められる値

たとえば1秒

図5-8　数値予報で予報値を計算する一般的な原理

膨大な回数計算する

さて、ここまでで説明した計算方法は、あまりにも単純す
ぎるようにも感じられるかもしれません。しかし、このよう
な単純化した計算ができるのは、微小時間の場合だけです。
Δt に 24 時間などという大きな時間を入れて計算しても、そ
の 24 時間の間に、実際の風速の時間変化率は大きく変わっ
ていってしまいますから、正確な予想値など到底求めること
はできません。

　実際の天気予報における数値予報では、微小時間Δt は 10

分などの値です。これくらいの時間であれば、物理量の変化率が一定であると仮定しても、理論上真の値とのずれは小さくてすみます。

そこで、一度微小時間（10分）後の予想値を計算したあと、その計算値を初期値として風速の時間変化率を新たに求め、もう一度同じ手法で微小時間（10分）後の予想値を計算します。これで20分先の予想値が計算できます。これを何度も何度も繰り返して計算します。

微小な時間としては10分は長すぎるようにも感じられますが、格子点の間隔が20kmですから、時間と空間のスケールでのバランスはとれています。

このようにして、明日やあさっての風速の予想値が導かれるのです。

Δt を10分とすると、24時間予報では144回、週間予報では実に約1000回にもなります。これを風速の三方向の成分、気温、気圧、湿度などにかかわる他の方程式についても行うので、スーパーコンピュータがなければ到底実現できない作業です。

〔補足〕付け加えると、時間変化率を表す $\dfrac{\Delta v}{\Delta t}$ の式は、高校数学で（主に理系に進学する人が）学ぶ「微分」の「微分係数 $\dfrac{dv}{dt}$」と同じです。また、微小な量を少しずつ計算して加えていく方法は「積分」と同じです。本書では、微分や積分を学んでいることを前提としていないため、簡略化した表記や説明をしています。

6 流体としての大気の運動を 計算する原理

🔑 気塊の位置が移動してしまうのをどう解決？

これまで説明した運動方程式（図5-6や③式）では、気塊を物体として考えてきました。そのため、気塊に力が加わると速度が変化すると同時に、運動して位置が移りかわることになります。中学校や高校の理科でも、物体の運動は位置が移りかわるものとして描かれます。大気の運動の計算に運動方程式を用いる話をここまで読んできて、次のような疑問を漠然と抱かなかったでしょうか？

「そのように気塊の位置がどんどん変わると、位置を追いきれなくなってしまうのでは？」

もしそう思ったとしたら、その心配は的を射ています。予報モデルの格子で区切られた大気を気塊と考えると、その気塊は時間とともに位置を変えていってしまい、数日後には地球の裏側まで行ってしまいかねません。格子点ごとの値を知りたい数値予報にとって、これは困ったことです。

そこで数値予報では、先に示した高校レベルの物理学で学ぶ運動方程式とは異なる形式の方程式を用います。これは**流体力学**と呼ばれる分野で記述される運動方程式です。流体力学は、空気や水といった流れる性質のある物体の運動を表現することができます。ただし、その根本になっているのも、ニュートンの運動方程式です。

流体は、同じ時刻でも、位置によって速度が異なります。例えば川の流れの内側と外側では流速が異なるような場合で

す。このような流体の運動を表すため**偏微分**と呼ばれる数学のテクニックを使います。ニュートンの運動方程式である $\frac{\Delta v}{\Delta t} = \frac{F}{m}$ を偏微分によって書き換えることができます。

　途中の説明は大学レベルの数学になってしまうので省きますが、流体の速度の時間変化率は、

$$\underset{\uparrow}{\frac{\Delta v}{\Delta t}} + \underset{\uparrow}{v} \times \underset{\uparrow}{\frac{\Delta v}{\Delta x}} \quad \cdots\cdots ⑤$$

（速度の時間変化率）　（速度）（速度の位置による変化率）

のような形で表されるのです。

　この式で、2項目の $\frac{\Delta v}{\Delta x}$ は何でしょうか？　Δx は、微小な位置の違い、Δv はその微小な位置の違いによる速度の差です。速度の時間変化率に比べると少しとらえにくいので、次のようにたとえて表現してみます。

　あなたがマラソン大会に参加していて、集団で走っている場面を考えてください。あなたはある瞬間速度 v で走っていますが、位置が Δx だけずれたすぐ近くのランナーは少し速度が異なり、あなたの速度との差が Δv あります。このとき、あなたの周囲の運動は、速度の位置による変化率が $\frac{\Delta v}{\Delta x}$ になっていると表すことができます。

　$\frac{\Delta v}{\Delta t}$ は単位時間あたりの速度の違いですが、$\frac{\Delta v}{\Delta x}$ は単位長さあたりの速度の違いであるともいえます。

　数値予報のモデルにおいては、すぐ近くの位置での速度と比べるということは、すぐとなりの格子点と数値を比べるということです。

　本書で考えている全球モデルでは格子点間隔が 20 km ですから、Δx は 20 km です。また、20 km 離れたところとの

風速差がΔvですから、各格子点での風速がわかれば、⑤式の第2項は数値としてわかります。例えばある格子点での風速vが10 m/sで、そのとなりの20 km離れた格子点での風速が6 m/sであれば、⑤式の第2項は、

$$v \times \frac{\Delta v}{\Delta x} = 10\,\text{m/s} \times \frac{10\,\text{m/s} - 6\,\text{m/s}}{20 \times 1000\,\text{m}}$$

の計算式で、具体的な数値として求められます。

また、⑤式の1項目の$\frac{\Delta v}{\Delta t}$は、位置を移動しない固定点での流体の速度の時間変化率です。数値予報で求めたいのはこの値、つまり1つの格子点での速度の時間変化率です。

〔補足〕⑤式は、正確には $\frac{\partial v}{\partial t} + v \times \frac{\partial v}{\partial x}$ のように、偏微分の記号を使って表します。

$\frac{\partial v}{\partial t}$ は、xが一定におけるvの時間変化率、$\frac{\partial v}{\partial x}$ はtが一定におけるvの空間変化率を表します。本書では偏微分を理解していなくても読めるように簡便な表現をしています。

結局、流体力学における運動方程式は、運動方程式の左辺において$\frac{\Delta v}{\Delta t}$としていた速度の時間変化率を上記で置き換えて、

$$\frac{\Delta v}{\Delta t} + v \times \frac{\Delta v}{\Delta x} = \frac{F}{m} \quad \cdots\cdots ⑥$$

と表されます。知りたいのは位置を移動しないときの速度の時間変化率なので、式を$\frac{\Delta v}{\Delta t}$を左辺に残して書き換えると、

$$\frac{\Delta v}{\Delta t} = \frac{F}{m} - v \times \frac{\Delta v}{\Delta x} \quad \cdots\cdots ⑦$$

となります。ある格子点について考えれば、⑦式の力 F は気塊に加わる気圧傾度力や重力などからわかり、質量 m は格子内の空気の気圧から密度が決まるのでわかり、v は格子点の風速なのでわかり、$\frac{\Delta v}{\Delta x}$ はとなりの格子点との風速との差からわかります。⑦式の右辺はすべて GPV から計算できるので、ある格子点の風速の時間変化率 $\frac{\Delta v}{\Delta t}$ を上式で計算できます。

　先に示した③のニュートンの運動方程式にも $\frac{\Delta v}{\Delta t}$ は示されていました。⑦式がそれとは違うのは、「位置を固定したときの速度の時間変化率」が $\frac{\Delta v}{\Delta t}$ であることです。格子点という固定点における風速の変化が求められるのです。

> 〔補足〕本書では区別しない表記をしましたが、$\frac{\Delta v}{\Delta t}$ は正確には、③式では $\frac{dv}{dt}$、⑤式では $\frac{\partial v}{\partial t}$ と表し、微分と偏微分の違いがあります。

🔑 オイラー流の流体力学の運動方程式

　このように、空間の固定点における速度の変化率を計算できるようにした⑥や⑦の運動方程式を**オイラー流の運動方程式**と呼びます。オイラー流の運動方程式は流体力学の基礎となっていて、非常に適用範囲の広い方程式ですが、大学の関連した学科でないと学ばない物理学なので、初めて知る読者も多いでしょう。ここまで限りなく簡便に説明したとはいえ、数式にお付き合いいただいたので、大事な式としてもう一度

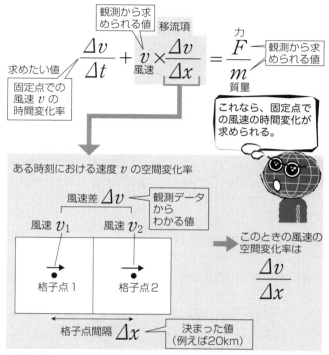

図 5-9　**オイラー流の運動方程式**　流体力学の運動方程式

図 5-9 にまとめておきます。

　これに対し、気塊が位置を変えて運動するように記述した運動方程式は「ラグランジュ式」とも呼ばれます。

....

〔補足〕⑥式のオイラー流の運動方程式は、x 軸だけの運動で考えましたが、実際は風は向きも変えて運動す

るので、x 軸、y 軸、z 軸の3方向を考えなくてはなりません。その場合のオイラー流運動方程式は、風速の x 軸、y 軸、z 軸方向の成分を (u, v, w) としたとき、

$$\frac{\partial u}{\partial t} + u \times \frac{\partial u}{\partial x} + v \times \frac{\partial u}{\partial y} + w \times \frac{\partial u}{\partial z} = \frac{F}{m}$$

$$\frac{\partial v}{\partial t} + u \times \frac{\partial v}{\partial x} + v \times \frac{\partial v}{\partial y} + w \times \frac{\partial v}{\partial z} = \frac{F}{m}$$

$$\frac{\partial w}{\partial t} + u \times \frac{\partial w}{\partial x} + v \times \frac{\partial w}{\partial y} + w \times \frac{\partial w}{\partial z} = \frac{F}{m}$$

という3つの方程式で表されます。以下、本書では引き続き x 方向のみに簡略化した表現で解説を進めます。)

🔑 移流項と気象用語の「移流」

現在の速度 v に空間的な変化率 $\frac{\Delta v}{\Delta x}$ をかけた $v \times \frac{\Delta v}{\Delta x}$ の項は、**移流項**と呼ばれます。

「移流」という言葉は、「寒気の移流」など気象学の分野ではあたりまえのように使うので、目や耳にした読者もいるかもしれません。しかし移流という言葉の意味をつかみかねることが多々あったのではないでしょうか。例えば「温度の移流」などというように使われる場合、式では温度変化を ΔT として $v \times \frac{\Delta T}{\Delta x}$ などと表され、これは温度の空間的な変化率に風速をかけたものです。その意味は「空間内の物質の移動によって、ある固定点での温度や物質濃度、風の変化が起こること」のようなイメージでとらえることもできるでしょう。

本書でも第4章で低気圧の発達する条件として、高層天気図で「寒気や暖気の移流」があることを示しましたが、温度

の時間変化率を式で表したとき、上記の移流項が大きくなるような条件になっていることを示しています。

　〔補足〕式中の質量は、数値予報の理論書では密度で表されています。密度＝質量／体積ですから、数値予報のモデルごとに格子点の間隔が異なり気塊の体積が違っても、密度は一定の値として扱うことができる。

🔑 水平方向の運動（風）の計算式

　気塊にはたらく力がわかれば、オイラー流の運動方程式で風速の時間変化率が導けることが前項まででわかりました。次に、オイラー流の運動方程式で単に F と表した力を具体的に考えましょう。大気中の気塊にはどのような力がはたらくでしょうか。

　まず、風つまり水平方向の気塊の運動を考えましょう。2地点で気圧差があれば、気塊には水平方向の気圧傾度力がはたらきます。また、地上の風では地表との摩擦力がはたらき、上空の風では摩擦力ははたらきません。

　さらに、赤道上以外の場所では第1章などで解説した「コリオリ力」がはたらきます。コリオリ力は、必ず気塊の運動方向に直角に作用します。大気高層のように、地表との摩擦がないときには、コリオリ力が作用した結果、風は等圧線（等高度線）に対して平行な「地衡風」的な風となることも、これまでふれてきました。

　また、地球の自転にかかわる力には遠心力があり、遠心力は両極ではゼロ、赤道で最大となりますが、その差は無視で

きるほど少量です。

オイラー流の運動方程式（図 5-9）において F を「気圧傾度力＋コリオリ力＋摩擦力」で表せば、水平方向の風を計算できることになります。気圧傾度力は GPV の気圧の数値からわかり、コリオリ力は格子点における風速と緯度で決まり、摩擦力は観測していませんが、地表の海陸などの状態や地表からの高度により一般的に想定される数値を与えることができるので、はたらく力は具体的に求めることができ、数値予報の計算を実行できます。

ある格子点における予報 GPV 値の計算に使用する式の項目だけ示すと、次のような式となります。風速の移流というのは、図 5-9 の移流項のことです。

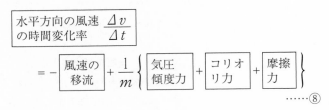

$$\boxed{\begin{array}{c}水平方向の風速 \\ の時間変化率\end{array}\ \frac{\varDelta v}{\varDelta t}}$$

$$= -\boxed{\begin{array}{c}風速の\\移流\end{array}} + \frac{1}{m}\left\{\boxed{\begin{array}{c}気圧\\傾度力\end{array}} + \boxed{\begin{array}{c}コリオ\\リ力\end{array}} + \boxed{\begin{array}{c}摩擦\\力\end{array}}\right\}$$

……⑧

ただし、コリオリ力のように運動方向と直角にはたらく力もあるので、計算は運動を東西・南北方向の成分に分けて、（210 ページの補足の 3 つの式のように）扱うことも言い添えておきます。

上昇気流や下降気流の扱い方

次に、鉛直方向の風、つまり上昇気流や下降気流はどのように扱われるのでしょうか。

空気にも質量があるので、地球の重力がはたらきます。重

力は地球による万有引力ですが、地球は自転しているため、緯度ごとに異なる遠心力が地軸と直角の方向にはたらき、重力は万有引力と遠心力の合力になっています。

この重力により、気塊はほうっておけば加速しながら落下しますが、もし気塊が重力によって落下しないのであれば、ほかにも力がはたらいて力がつり合っていることになります。それは、気圧による力です。

気圧は、高度が低いところほど高く、上空では低くなっています。このため気塊には、気圧傾度力が下から上に向かってはたらきます。この気圧傾度力は気塊にはたらく重力とつり合うようになっています（図5-10）。

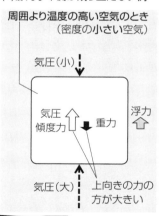

(a) 静力学平衡が成り立つ例
周囲と温度の等しい空気のとき
（密度の等しい空気）

(b)静力学平衡が成り立たない例
周囲より温度の高い空気のとき
（密度の小さい空気）

(b)のように浮力が強くて上昇流が加速することは、積乱雲の中では起こっていそうだ。

図5-10
静力学平衡

大気をこのようなつり合いの状態として近似（仮定）することは気象学で**静力学平衡**と呼ばれます。静力学平衡を仮定すると、鉛直方向の運動方程式で $F = 0$ とすることができ、計算が簡単です。この場合、上昇気流や下降気流は、鉛直方向の力がつり合っているもとでの運動であるため、加速運動はせず、等速で運動することを意味します。計算を簡略化できる仮定なので、**静力学近似**とも呼ばれます。

　偏西風の流れや低気圧など大規模な気象現象では、この静力学近似を適用しても実際の大気の運動から大きくは外れないと考えられています。しかし、スケールが小さく、水平方向よりも鉛直方向の運動が大きい積乱雲における対流などについては、静力学近似を適用すると、実際の現象とのずれが大きくなってしまいます。この場合は、気圧傾度力と重力の差（つまり浮力）を考え、さらにコリオリ力も加えて、次の式を計算する必要があります。鉛直方向の速度を v としたとき、

$$\boxed{\begin{array}{c}\text{鉛直方向の風速}\\\text{の時間変化率}\end{array}\ \frac{\Delta v}{\Delta t}}$$

$$= -\boxed{\begin{array}{c}\text{風速の}\\\text{移流}\end{array}} + \frac{1}{m}\left\{\boxed{\begin{array}{c}\text{気圧}\\\text{傾度力}\end{array}} + \boxed{\text{重力}} + \boxed{\begin{array}{c}\text{コリオ}\\\text{リ力}\end{array}}\right\}$$

$$\cdots\cdots⑨$$

　これまで解説してきた数値予報の「全球モデル」では、地球全体のシミュレートを行うため、コンピュータの能力の限界から、静力学的近似を行っています。

　全球モデル以外の数値予報モデルもあり、格子点間隔が小さく、また静力学的近似も行わない計算で数値予報を行って

います。コンピュータの能力は向上していくので、近似を行うかどうかは今後も見直されていくでしょう。

7 温度・気圧・湿度や降水量を求める原理

　風の変化以外に、温度や気圧、水蒸気の変化の数値計算も必要です。これらを導く基本方程式の説明もやや複雑になりますが、運動方程式から風の時間変化率を求めたのと同様に理解できます。

　つまり、気体の状態方程式などそれぞれの基本方程式から、格子点における温度の時間変化率、気圧（密度）の時間変化率、水蒸気量や降水量の時間変化率などを計算します。以下では、その点だけ理解していただけるように解説しています。

🔑 気体の状態方程式

　高校理科で学ぶ「気体の状態方程式」も数値予報の基礎方程式の一つです。

$$PV = nRT \quad \cdots\cdots⑩$$

　（P：気圧、V：体積、n：粒子数または質量、
　R：気体定数、T：温度）

　気圧、体積、温度は互いに独立に変化することはできず、うち 2 つの物理量が決まれば、もう一つはこの関係式を用いて決まることを示しています。

高校理科では⑩式の n は粒子数として表していますが、空気分子の平均質量はわかっているので、粒子数を質量で置き換えた式で表すことも可能です。また式の両辺を体積で割れば「粒子数（質量）÷体積」は密度なので、

　　　気圧＝密度×気体定数×絶対温度　……⑪

と表すこともでき、数値予報の理論においてはこの形式でよく表されます。

　状態方程式は、時間に無関係に常に成り立つので、この式から温度や気圧などの時間変化率を求めることはできません。一種の束縛条件であり、次項の熱エネルギーの保存則の方程式において計算の過程で使われています。

🔑 温度の変化を導く式（熱エネルギーの保存則）

　気温にかかわる計算を知るために、気塊に熱エネルギー ΔQ が加えられたときを考えましょう。例えば、気塊の外からやってきた赤外線が気塊に吸収されたと考えます。気塊の温度が上昇して内部エネルギーが活発になります。また、温度上昇だけでなく、それにより気塊が膨張して体積が増加します。このときのエネルギーの保存を考えると、

$$
\boxed{\begin{array}{c}外部から与\\えられた熱\end{array}} = \boxed{\begin{array}{c}外部に対し\\てする仕事\end{array}} + \boxed{\begin{array}{c}内部エネルギー\\（温度）の増加\end{array}} \quad ……⑫
$$

と表すことができ、項を移動すると

$$
\boxed{\begin{array}{c}内部エネルギー\\（温度）の増加\end{array}} = \boxed{\begin{array}{c}外部から与\\えられた熱\end{array}} - \boxed{\begin{array}{c}外部に対し\\てする仕事\end{array}} \quad ……⑫'
$$

となります。

　詳細は省略しますが、この熱エネルギーの保存則と状態方程式に、運動方程式で用いた偏微分をほどこすと、次のように固定点での「温度の時間変化率」$\dfrac{\Delta T}{\Delta t}$ を求める式ができます。ここでの大文字の T は温度です。右辺は式で表すと複雑なので言葉で表現しておきます。

$$\frac{\Delta T}{\Delta t} = -\boxed{\begin{array}{c}温度の\\移流\end{array}} + \boxed{\begin{array}{c}加熱・冷却\\の効果\end{array}} - \boxed{\begin{array}{c}空気の膨張・\\圧縮の効果\end{array}} \quad\cdots\cdots⑬$$

　⑫′式の「内部エネルギー（温度）の増加」が⑬式の「温度の時間変化率」$\dfrac{\Delta T}{\Delta t}$ に対応しています。

　右辺1項目の「温度の移流」は、前述の移流項です。鉛直方向の座標を z とし、速度を w とすれば温度の移流は $w \times \dfrac{\Delta T}{\Delta z}$ です。鉛直方向の風速と、となりあう格子点との温度差がわかれば求められます。

　また、⑫′式の「外部から与えられた熱」は、⑬式「加熱・冷却の効果」に対応します。「加熱・冷却の効果」とは、日射や赤外線の吸収・放出による放射や水蒸気の凝結・蒸発にともなう潜熱、鉛直拡散による熱輸送、さらには地表面と大気との熱交換などによって得るエネルギーです。これらの値は、次節で解説する「パラメタリゼーション」によって与えられます。

　さらに、⑫′式「外部に対してする仕事」が⑬式の「空気の膨張・圧縮の効果」に対応します。「空気の膨張・圧縮の効果」とは、大気が鉛直方向に運動することによって周囲の気圧が変化することにより、膨張・圧縮することによる温度の変化を示し、先述の気体の状態方程式から求められます。

⑬式をもとに微少時間⊿t（例えば10分間）での温度の微小変化⊿Tを求め、現在の温度に加算することで10分後の温度を予想し、さらに10分間での温度の時間変化率を求めて加算を繰り返す……のようにして予報値を導き出します。このような地道に一歩ずつ進む計算手法は、基本的に風の計算のときと同じです。

☞ 気圧の変化を導く式（連続の式、質量保存の法則）

数値予報では、格子で区切られた一定体積の直方体を考えますが、空気が出入りするので、大気全体として質量が保存されることを式に表す必要があります。質量保存の法則を前提とすれば、一定体積の直方体内の空気の質量の変化は、直方体に入ってくる質量と、直方体から出ていく質量の差と等しくなります。

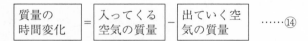

$$\boxed{\text{質量の時間変化}} = \boxed{\text{入ってくる空気の質量}} - \boxed{\text{出ていく空気の質量}} \quad \cdots\cdots⑭$$

このように質量保存の法則を前提として、空気が途切れなく流れることを表す式を流体力学では「連続の式」といいます。「連続の式」は、数値予報の理論では密度の時間変化の式として表されることも多いですが意味は同じです。

⑭式の出入りする空気の質量は、となり合う格子点の風向風速、空気の密度から計算できます。格子点における風と密度の数値から、これらは計算可能であると想像できるでしょう。

格子の直方体の空気の質量（または密度）が計算できれば、温度の計算値とともに、気体の状態方程式を用いて気圧

P の時間変化率 $\dfrac{\Delta P}{\Delta t}$ を導き出すことが可能です。

湿度や降水の変化を導く式（水物質の保存則）

湿度や降水にかかわる基本方程式は、水物質の保存則と呼ばれるものです。

大気中の水物質（水蒸気、雲水、雲氷、雨、雪、あられ）は、水蒸気が凝結して雲水・雲氷となり、雨・雪・あられとして落下することによって降水（降雨・降雪）となるので、天気予報に直結します。また、大気の密度に変化を与えることにもなります。

水蒸気量の変化については以下のように表されます。

⑮式の「［入ってくる水蒸気量］－［出ていく水蒸気量］」の部分は、となりあう格子から出入りした水蒸気の正味の量で「水蒸気量の移流」を表します。

また、「［水や氷の蒸発量の時間変化］－［水蒸気の凝結量の時間変化］」の部分は、水の相変化（状態変化）による水蒸気量の変化を表します。

これら水物質の移動や変化は、風による移流によってもたらされますが、それだけではなく、格子内にできる雲の活動などにも大きくかかわっており、次節で解説する「パラメタ

リゼーション」によって数値が補正されています。

8 格子より小さい雲などの扱い

🔑 パラメタリゼーション

数値予報モデルの格子間隔は、本書で解説している全球モデルでは、水平方向に 1 辺 20 km、鉛直方向には数十 m ～数 km 程度の格子です。地上に近いところでは、鉛直方向には細かく（数十 m から数百 m ごとに）格子が分けられているものの、水平方向に 20 km 以下のスケールしかない個々の雲や地形・陸と海・植生などは、格子点値では表すことができないという問題があります。

図 5-11 に示したような格子内の物理現象の効果は、数値予報の分野では**物理過程**と呼ばれており、物理過程を格子点の物理量に反映させることを**パラメタリゼーション**と呼びます。図では示していませんが、このほかに放射にかかわる物理現象もパラメタリゼーションで扱います。

本章の最初のほうで示した図 5-5 で見ると、真ん中の「大気の流れの過程　運動方程式など基本 5 法則で表される過程」を除いて、その周囲の「放射過程」「雲・降水過程」「地形・植生・地表面過程」は、すべてパラメタリゼーションで扱う範囲です。

パラメタリゼーションにおいて、考慮しなければならない物理過程は、基本方程式のように確立した理論ではなく、未解明の部分が多いので、根拠のあいまいな仮定やパラメータが入っている場合もあります。数値予報の技術者・研究者が

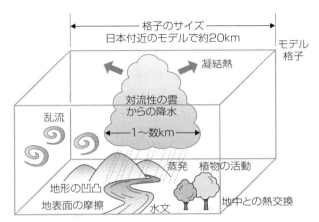

図 5-11　格子のスケールより小さい雲などによる物理過程
このほかに放射にかかわるパラメタリゼーションがある。

日々改良につとめています。

雲のパラメタリゼーション

　数値予報モデルでは、積雲を表現できる解像度がないので、格子内の雲による現象が反映されていません。水平方向に 20 km スケールの格子内全体ではなく、限られた箇所で 1 km スケール程度の積雲が発達したとしても、熱や水蒸気を鉛直方向に輸送しますから、たとえ格子点値では上昇気流ではなかったとしても、雲による輸送の効果を格子点値に反映させなければならないわけです。

　また雲の中では、水物質が「相変化」を起こし、水蒸気、雲水、雨、雲氷、雪、あられと種々の形態になり、さらに互いに衝突したり合体したりし、降水となる複雑な過程があり

ます（雲・降水過程）。さらに、降水粒子の大きさや形態により落下速度が異なるので、下の格子へ落ちて移動する速さが異なることになり、数値予報モデルの格子間の物質の移動にもかかわります。

雲のパラメタリゼーションでは、ある格子点値のときにどのように雲ができ、どのように水物質の粒子や熱が輸送されるかをモデルで表し、運ばれる水蒸気量や熱量を計算して数値化します。基本方程式の水物質の保存や熱エネルギーの保存則に当たる数値に反映され、格子点値が補正されることになります。

さらに、層状の雲の場合も、次項で述べる放射に強くかかわっており、雲による現象をどう数値化して格子点値に反映させるかは、数値予報の重要な要素となっています。

放射のパラメタリゼーション

大気中には、可視光・赤外を中心に、いろいろな電磁波が飛びかっており、大気はそのエネルギーを吸収したり、放出したりしています。これらのエネルギーの吸収と放出は、基本方程式の熱エネルギーの保存則の式にあった「加熱・冷却の効果」（前節⑬式）にどのような数値を与えるかにかかわります。放射過程を数値化して、加熱・冷却の効果として基本方程式に与えるのが放射のパラメタリゼーションです。

太陽からの短波放射は地表を暖め、暖められた地表は長波放射を行い、大気は長波を吸収します。これらの作用の大きさは、昼と夜、時刻により異なります。また、雲があると太陽放射を反射・吸収し、地面に到達する放射量を減少させます。雲がどのように分布しているか、どのように重なってい

るかや、不透明さに相当する光学的な厚さによっても効果は
異なるので、雲のある場合の放射の計算はとても複雑になり、
基本方程式のようなすっきりしたものにはなりませんが、計
算するモデルの工夫と改善が行われています。

地表面・大気境界層のパラメタリゼーション

　地表面が海か陸か、海ならばどのような温度か、陸ならば
砂漠か森林か、森林ならば広葉樹か針葉樹かなど、これらの
要因により、地表からの水蒸気の輸送や、放射が異なってき
ます。また地表面に近い（約20m）境界層と呼ばれる大気では、
地表面との摩擦や地形の影響で乱流があり、これもパラメタ
リゼーションの対象となっています。

9 数値予報天気図の出力

地球の裏側の天気図まで出力

　数値予報の結果は、第一には格子点における数値で出力さ
れます。また、格子点値に含まれる気圧や気温、湿度などの
情報が天気図にプロットされ、地上天気図の等圧線が自動的
に引かれ、高層天気図の等高度線や等温線なども自動的に描
かれて、何種類もの天気図が出力されます。

　その一つには、24時間後や48時間後の予報天気図があり
ます。図4-1で示したのは現況の天気図でしたが、その1日
後、2日後の未来の天気図です。見た目は普通の地上天気図
なので、ここでは掲げるのを省略します。

　また、図5-12は全球モデルによって地球全体の天気図を

球面に描いた例です。降水が予想される領域が地上気圧分布に重ねて見られ、まるで気象衛星の雲画像のようなイメージですね。この図を見ると、まさにシミュレーションが行われたと実感できます。全球なので、日本以外の地域——地球の裏側までの天気図も作成され、世界中の天気予報に活用することも可能です。

　ちなみに、アメリカ気象局（NWS）やヨーロッパ中期予報センター（ECMWF）などでも日本の気象庁と類似の全球モデルを運用しているので、日本周辺の天気予報も可能です。しかしながら、各国は安全保障上の観点から、自国で国内向

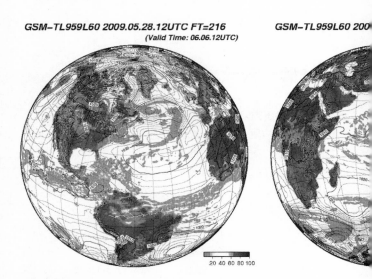

GSM–TL959L60 2009.05.28.12UTC FT=216
(Valid Time: 06.06.12UTC)

GSM–TL959L60 200

図 5-12 数値予報による全球の天気図が出力された例
地球の裏側までの天気図が出力されている。

けに予報サービスを行っています。

数値予報の結果出力されるいろいろな天気図

　数値予報の結果出力されるのは、地上天気図以外にもいろいろなものがあります。そのいくつかを見ていきましょう。いずれも 24 時間先の予想図の例です。

◆ 500 hPa 高度・渦度予想図（図 5-13）

　図の実線は、500 hPa の等高度線で、地上の台風に対応して上空でも低気圧となっています。また、破線は**渦度**が等し

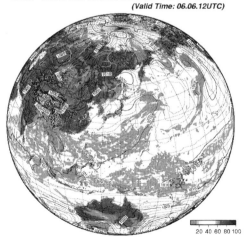

い等渦度線を示しています。「渦度」というのは、風向の回転成分を表す数値です。低気圧性の反時計回りの回転が正の値、高気圧性の時計回りの回転が負の値で示され、渦度が正の領域に網がかかっています。図で日本の東や南にある低気圧（台風）のまわりは渦度が正になっていることが確認できます。

　また、偏西風波動の気圧の谷も渦度が正になっています。このことは、図5-14のように、偏西風の東西の流れに回転成分が埋め込まれたものが気圧の谷や尾根であることを考えるとわかります。図では、気圧の谷の領域は渦度が正になっており、正の渦度が大きくなっていく領域は、低気圧が発生・発達しやすくなります。

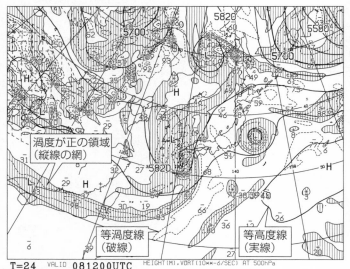

T=24　VALID 081200UTC　　　HEIGHT(M).VORT(10**-6/SEC) AT 500hPa

図 5-13　500hPa 高度・渦度予想図（24 時間先）

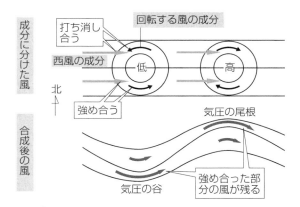

図5-14　偏西風の東西の成分と回転成分

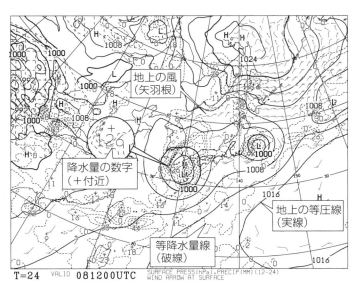

図5-15　極東地上気圧・風・降水量予想図（24時間先）

227

◆極東地上気圧・風・降水量予想図（図5-15）

　図の実線は地上の気圧分布、矢羽根の記号は地上の風を示しています。Lが低気圧、Hが高気圧です。太平洋高気圧が北偏して東日本にのび、南寄りの暖気を送り込んでいることがわかります。また、日本の南海上にある2個のLは台風です。

　図の破線は、12時間降水量の予想が等しい点を結んだ**等降水量線**で、0mmを基準に10mmごとに引かれています。図の例では、最も降水量が多く予想されているのは、九州付近の低気圧（本州に接近中の台風）の中心近くにある126mmの降水域です。

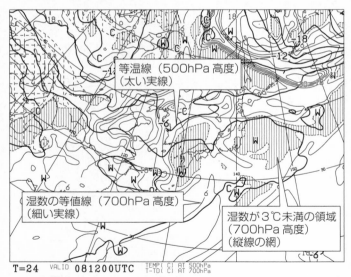

T=24　VALID 081200UTC　TEMP(C) AT 500hPa / T-TD(C) AT 700hPa

図5-16　700hPa 湿数、500hPa 気温予想図（24時間先）

◆ 700 hPa 湿数、500 hPa 気温予想図 （図 5-16）

　図の太い実線は、500 hPa の気温を示した等温線で、3℃ごとに引かれ、「－ 6」「－ 12」などの数字が付されています。図の細い実線は、700 hPa における湿数の等値線で、6℃ごとに引かれ、3℃未満の領域には縦線の網で示されています。湿数は、気温と露点との差ですから、小さいほど露点に近く、したがって凝結しやすい湿った状態を表します。図の例では、本州の東岸と九州付近に湿った領域が見られます。

◆ 極東 850 hPa 気温・風、700 hPa 上昇流予想図 （図 5-17）

　図の実線は、850 hPa の等温線で、3℃ ごとに引かれ、

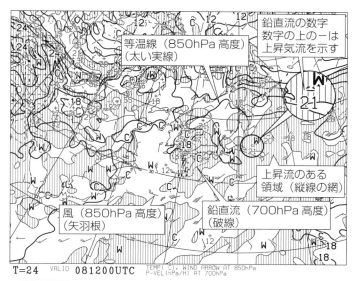

図 5-17　極東 850 hPa 気温・風、700 hPa 上昇流予想図 （24時間先）

「6」「12」「18」などと数字が付されています。矢羽根は、850 hPa における風を表します。破線は 700 hPa の鉛直流の等値線を表し、数値は気圧の時間変化率ですが、その意味は鉛直流の強さであり、＋の数値は下降流、－の数値は上昇流を表します。図をよく見ると、台風にともなう鉛直流（－の大きな数値）が予測されています。

　出力される資料は他にも十数種類あり、日本やその周辺域の気象概況をつかむのに便利です。日々の予報作業現場での会報（予報検討のミーティング会議）において、予報の確認や気象注意報・警報の作成などに利用されています。

　さて、このような数値予報の「本計算」の結果やそれに基づく図は、そのままではまだ発表される天気予報にはなりません（気象庁の WEB サイトで「数値予報天気図」を検索すると見つけることはできます）。

　また、本計算の結果には、モデル化して計算を行ったゆえの誤差やくせのようなもの（降水量が低めに出るなど）があります。晴れや曇りの予想、気温の予想、降水量の予想、雷の発生確率などを得るには、いわば数値予報を天気予報に翻訳するという欠かせない段階があります。

〔補足〕気象庁による実際の数値予報モデルでは「極座標系」や「スペクトルモデル」とよばれる物理数学の方法が採用されていますが、本書の数式の解説ではそれらの難解な方法はとりあげず、数値予報の計算の原理をやさしく解説可能な方法のみをとりあげました。

第6章

数値予報を翻訳する
ガイダンス

数値予報の結果出力された予報天気図を予報官が見て、各地の天気を予想することも可能でしょう。本書前編で解説したように、冬型の気圧配置が強まることが予報天気図からわかれば、日本海側の地方には大雪に警戒する予報を出すことができます。また、地上の格子点値の分布によって描いた気温や降水量の資料も予報官の参考になるでしょう。

　しかし、数値予報には、詳細で実用的な天気予報を出すために、もう一段階先の過程——本計算とは異なる手法による過程——があります。

1 格子点値から天気予報へ

△ガイダンスとは

　GPV予報値（格子点値として出力された予報の数値）から、天気予報を出す単位となる各地域（「千葉県北部」など）の天気予報資料を出す過程を「ガイダンス」といいます。「ガイダンス」は、天気、最高・最低気温、雨量、降水確率、発雷確率などの予報要素を数値あるいは図形式で表したものです。

　天気予報は人の生活の単位となる地域ごとに出される必要がありますが、格子点値は機械的に計算しやすくするために決めた点における値なので、いわば機械の言葉を人の言葉に「翻訳」するのがガイダンスであるともいえます。また、これによって、数値予報モデルで表現できない細かな地形などの影響によって系統的に生じる誤差などの補正も行うことができます。ガイダンスは「予報支援資料」あるいは「予報翻

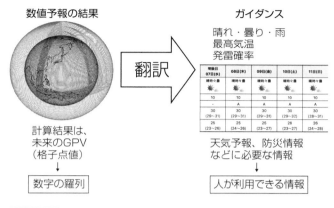

図 6-1　ガイダンス作成のイメージ

訳資料」とも呼ばれて、予報者にとっては一種の「虎の巻」のようなものです。

　晴れや曇りといった天気を例にしましょう。晴れや曇りといった天気は雲量で定義されており、空全体の広さを 10 としたとき、雲量が 0 と 1 では「快晴」、2 〜 8 では「晴れ」、9 と 10 では「曇り」です。

　一方、数値予報モデルの GPV は水蒸気（湿度）や風、降水量などであり、「雲量」は予測されていないので、何らかの方法で雲量を導く必要があります。雲量は水蒸気（湿度）、降水量、風、上昇流などの気象要素と密接な関係があります。そこで、過去の周囲の格子点の予報値（GPV）と、天気予報を出す地域で実際に観測された観測値を比べて分析します。両者の関係を統計的に調べて定式化しておくのです。予報の場面では、その定式化したルールに新しい数値予報 GPV を

233

あてはめて、将来の天気を予想します。

　ガイダンス作成の手法には、天気予報の要素によって、カルマンフィルター、ニューラルネットワーク、ロジスティック回帰式の３種類があります。これらは、気象学の言葉ではなく、情報処理の分野で使われる言葉です。したがって、以下の説明も、情報処理の理論についてのものです。耳慣れないかと思いますが、天気予報にとって情報処理の技術はなくてはならないツールになっています。

◢ 手法① カルマンフィルター

　カルマンフィルターは、最高気温などの予測に用いられ、過去の気温の GPV 予報値と、観測された実際の最高気温値の両者から、関係式を導くものです。

　カルマンフィルターの原型は「線形回帰式」と呼ばれる手法であり、求めたい要素（目的変数と呼ばれる）が１つ

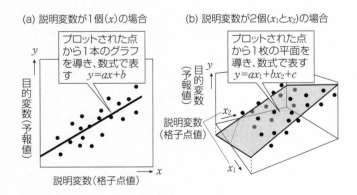

(a) 説明変数が1個(x)の場合

プロットされた点から1本のグラフを導き、数式で表す $y=ax+b$

目的変数（予報値）

説明変数（格子点値）

(b) 説明変数が2個(x_1とx_2)の場合

プロットされた点から1枚の平面を導き、数式で表す $y=ax_1+bx_2+c$

目的変数（予報値）

説明変数（格子点値）

図6-2　カルマンフィルターの数式を求めるイメージ

の要素（説明変数と呼ばれる）と、線形の数式——例えば $y=ax+b$ や $y=ax_1+bx_2+c$ など——で表される関係にあると考える手法です。

　例えば、ある地点における最高気温のガイダンス（目的変数）と、その地点の近くにおける気温のGPV（説明変数）について考えましょう。

　図6-2のように、両者を2次元のグラフ上に、横軸を説明変数（GPVの温度値）、縦軸を目的変数（実際の最高気温）としてプロットします。プロットした点がある直線や曲線の近傍に分布すると仮定し、$y = ax + b$ のような関係式を導くのです。このような回帰式の作成には大量の過去データが必要です。

　この手法の特徴は、予報の運用をしながら数式の係数を最

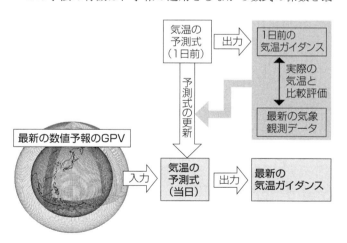

図6-3　カルマンフィルターによるガイダンスの計算式更新のイメージ

適化していくことにより、しだいに精度を上げることができることです。過去の予測値と実際の観測値との誤差を減らすように係数を自動的に最適化しており、この作業を節目ごとに繰り返します。

　カルマンフィルターは、カルマン（Rudolf Kálmán）によって提唱されたもので、かつて NASA のアポロ計画では　搭載されているセンサーの情報から宇宙船の正しい位置を推定し、進行方向の調整などを行う際に使用されたといわれています。

◢◣ 手法② ニューラルネットワーク

「晴れ」や「曇り」などの天気は、GPV の予報値には含まれません。このため、気温、湿度、風向風速、上昇流などの過去の GPV と、それぞれの実況値との間には有意な関係があるとみなして関係を導くのが「ニューラルネットワーク」の手法です。説明変数（複数）と目的変数の間の関係が線形的ではなく「非線形」の関係となっている場合にも適用できるところがカルマンフィルターと異なります。

　この手法は人の脳の神経細胞のしくみを利用したものであり、ニューラルは英語で神経を表す形容詞の neural です。人はさまざまな刺激（入力）に対して、一定の対応（出力）ができるよう、ふだんから各刺激に一定の重みをつけていると考えられます。重みのつけ方は一種の学習を通じて行われます。

　また、１つの細胞体へは、いろいろな刺激の入力があり、それらの刺激の総和がある 閾値を超えたときに、出力値が次の細胞に伝達されるという特徴があります。この特徴が、

ニューラルネットワークのモデルの基本となっています。

　気象の場合の「ニューラルネットワーク」では、図6-4の概念図のように、いろいろな入力GPV（説明変数）と出力（目

（a）脳神経における情報伝達（ニューラルネットワークの原型）

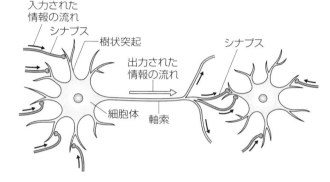

（b）ニューラルネットワークにおける情報伝達

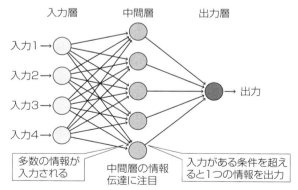

図6-4　ニューラルネットワーク　人の脳神経における情報の伝達機構がニューラルネットワークの原型

的変数）との間に中間層を設け、中間層は、晴れ・曇り・雨といった天気ごとに説明変数をどれくらい重視するかという重み付けをするための数式が設定されています。これら複数の数式による出力を比べ、どれが閾値に達したかを判断するアルゴリズムによって、晴れ・曇り・雨といった天気の出力をします。

　カルマンフィルターの場合と同様に、予報の運用をしながら数式の係数を最適化していくことにより、しだいに精度を上げることができます。この手法は天気（雲量の見積もりなど）の他に、降雪量などの予報にも採用されています。

　人工知能が自身で情報から学習していく機械学習のしくみを「ディープラーニング」といいますが、これはニューラルネットワークの手法をさらに深化させたものです。

手法③ ロジスティック回帰式

　発雷確率などのように、現象が有るか無いかの２値の場合に用いられます。発雷確率の場合、入力（説明変数）としては、GPVが用いられ、出力（目的変数）は発雷が有（１）・無（０）の２値です。

　計算結果が、２値に収束する性質のある「ロジスティック関数」（$y = \dfrac{1}{1+e^{-x}}$ などの形の関数）を用いて、関係式が立てられており、２値が出力されます。

2　天気や降水の予報は どうつくられるか

さまざまなガイダンス

　表 6-1 は、天気予報のガイダンスの一覧です。この表を眺めると、発表される天気予報の種別に、さまざまな手法でガイダンスがつくられていることが見てとれます。

表 6-1　天気予報ガイダンスの一覧

種別	ガイダンス名	統計手法	対象
降水	平均降水量	カルマンフィルター、頻度バイアス補正	20 km 格子（GSM）5 km 格子（MSM）2 km 格子（LFM）
	降水確率	カルマンフィルター	
	最大降水量	ニューラルネットワーク、線形重回帰	
降雪	雪水比・降水種別・最大降雪量	診断手法	5 km 格子
	降雪量地点	ニューラルネットワーク、頻度バイアス補正	アメダス（323 地点）
気温	時系列・最高・最低気温	カルマンフィルター	アメダス（927 地点）
	格子形式気温		5 km 格子
風	定時・最大・最大瞬間風速	カルマンフィルター、頻度バイアス補正	アメダス（927 地点）
天気	日照率	ニューラルネットワーク	20 km 格子（GSM）5 km 格子（MSM）
	天気	フローチャート	
発雷確率	発雷確率	ロジスティック回帰	20 km 格子
湿度	時系列湿度	カルマンフィルター	気象官署（153 地点、特別地域気象観測所含む）
	日最小湿度	ニューラルネットワーク	
視程	視程分布予想	診断手法	20 km 格子（GSM）5 km 格子（MSM）

この中で「天気」「降水確率」のガイダンスについて、さらに具体的に説明しましょう。

天気のガイダンス

　天気予報における「晴れ」「曇り」「雨」などは、表6-1の「日照率」ガイダンスから「日照率」を求め、それと降水に関するGPVから「天気」の区分を判別して行います。なお、「日照率」は、各地方気象台とアメダス観測所に設置されている「日照計」から日照時間を求めて計算しています。ちなみに、快晴の場合、地表付近では1m²当たり約1000ワットの太陽エネルギーが届いていますが、「日照あり」は「日照計」で120ワット以上の強度としています。したがって、巻層雲などの上層雲で覆われている場合でも「日照あり」と判断される場合があります。

降水量のガイダンス——降水確率の出し方

「降水確率」は、対象領域内の何％で1mm以上の降水があるかの確率で、％（四捨五入）で発表されることは天気予報で見聞きしているでしょう。これらは、それぞれ5km格子のMSMおよび20km格子のGSMを用いたガイダンスがもとになっています。

　作成方法は、まず、数値予報モデルの格子領域内をさらに細かく1km格子で分割します。ついで、過去のデータセットから、細分された1km格子内で1mm以上の降水が観測された格子数とその時のGPV（風、降水量、上昇流など）との関係を、「カルマンフィルター」で求めます。細分された1km格子内での降水量は、「アメダス」および「気象レー

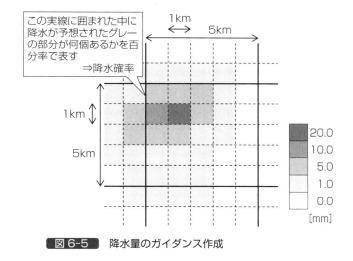

この実線に囲まれた中に
降水が予想されたグレー
の部分が何個あるかを百
分率で表す
⇒降水確率

図6-5 降水量のガイダンス作成

ダー」のデータから得られます。「降水確率」は、5km あるいは20km 四方の領域内で1mm 以上の降水が予測される「面積」によって決められます。確率が70% の場合、域内の30% の格子では、1mm 以上の降水はないことになり、域内の合計30% の人にとっては、「予報は外れ」となります。

　細分化する1km 格子の数は、20km 格子の数値予報モデル（GSM）では20 × 20 ＝ 400 区分、後述（第7章）の5km 格子の数値予報モデル（MSM）の場合では、5 × 5 ＝ 25 区分となります。図6-5 は、5km 格子の MSM の場合の概念図で、この場合、太線で囲まれた25 区分のうち1mm 以上の降水が予想されたグレーの区分が18 あるので、18 ÷ 25 ＝ 0.72 より約70 %の降水確率です。

コラム　超大型電子計算機日本へ──「金色の鍵」──

　昭和34年（1959）1月13日、日本のみならず東洋で最初といわれた超大型電子計算機（IBM704）を積んだ貨物船がニューヨーク港から横浜港に接岸しました。冬の真っただなか、気象庁からは肥沼予報部長以下の関係者、IBMからは本社の技師長、日本IBM社長など数十名が横浜港で出迎えました。内外報道機関のカメラの放列が岸壁に敷かれるなか、大型コンテナ車が陸揚げされると、待っていた内外の人々から期せずして万雷の拍手が起こりました。やがてコンテナ車は走りだし、千代田区竹平町の気象庁に向けての搬送が始まりました。

　コンテナの横っ腹一面に張られた特大の白布には「JMA WELCOME IBM704」「Electronic Digital Computer for Japan Meteorological Agency」「The First in the Orient」の英文が見られ、また「祝」「みなさんの天気予報を・より正確にする……」「気象庁様納入 IBM-704」「東洋で最初の超大型電子計算機」「日本IBM」などの文言が躍っていました。

図6-6　気象庁に搬入されるIBM704（気象庁資料）

　その年の年頭にあたり、和達清夫長官は気象庁ニュースを通じて、まもなく日本にやってくる大型電子計算機と数値予報の導入に対して、予報業務が革新的に発展するとの期待を込めた以下の要旨の挨拶を行っています。当時の時代背景がよくわかります。

　「気象事業の近代化、機械化という近年の取り組みは、本年あたりが中心である。IBM704 計算機も 2 月中に入る予定で、計算機用の空調付きのビルは既に完成し、近代的容姿を見せている。本年から、いよいよ数値予報が日本の気象事業に取り入れられ、予報業務の革新的発展が期待される。

　気象事業の根本は、気象を通じた社会への貢献だが、災害の防止が最重点である。昨年は、南海丸の遭難、狩野川台風（台風 22 号）では東京には 400 mm の豪雨があり、狩野川では大水害が起こった。気象庁は十分のはたらきをしたと思うが、もっと高度の防災への寄与が必要だ。航空界はますます進展し、ロケット技術の発展は、超高層の気象学の躍進の気配である。過去の輝かしい実績の上に、近代の気象技術の成果を積み上げることを希望する」

　3 月 12 日、大型電子計算機（IBM704）の火入れ式が新装成った電子計算室専用ビルで挙行されました。専用ビルのクリーム色の壁には春の浅い陽光が映え、玄関の左右には紅白の幔幕（まんまく）が張られ、その前には来賓用の受付テントも用意されました。定刻前から新聞、ラジオ、テレビ等の報道関係者が続々と詰めかけました。

　和達長官の挨拶に続いて、日本 IBM の水品浩社長は「ぴっ

図 6-7　気象庁に設置された IBM704
（気象庁資料）

たり当たる予報にお役に立つことを確信します」と挨拶をしました。続いて、同社長から長官に記念として、白いリボンが結ばれた約20cm の「IBM704」と刻印された金色をした飾りの鍵が贈呈されました。

　カードリーダーはダーッと音を立てながら始動し、計算手順の命令が葉書のような厚紙にパンチ（鑽孔）されたカードの束を自動的に読み込み、その振動音は式場のガラス窓をかすかに震わせました。直径が30cm ほどの磁気テープが回り出し、演算の流れを監視するコンソールの緑色のランプが点滅を始めました。日本における数値予報が産声をあげた瞬間でした。

第7章

天気予報のこれから

1 カオスを克服する アンサンブル予報

 カオス

数値予報の方程式は中学校や高等学校で学んだ連立方程式のようにすっきりと解くことはできず、短い時間ごとの変化を数値で計算して加算していく「積分」的な手法で予報の数値を導くことを解説してきました。すっきり解けないのは、それらの式が「非線形」——方程式中に異なる変数のかけ算の項がある式——だからです。このように非線形の方程式で表される現象には**カオス**が現れます。カオスとは、一般語としては「混沌」を表す言葉ですが、気象においては単に混沌という以上の意味があります。まずカオスを発見した人の話からしましょう。

アメリカのマサチューセッツ工科大学の気象学者であったローレンツ（Konrad Zacharias Lorenz）は、ローレンツモ

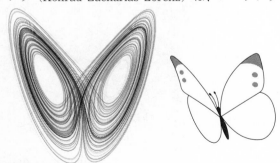

図 7-1 流体の流れのモデルで見るバタフライ効果のイメージ
対流を示す回転が反転を繰り返すようすがチョウのはねに似ている。

デル（1963年）と呼ばれる数値実験を行いました。これは、非線形の方程式で仮想の流体の運動をモデル的に表し、その方程式で数値実験を行って、対流がどのように変化していくかを調べたものです。方程式中の変数がわずか3個と非常に簡略化されたため、実際の対流とは異なりますが、非線形の現象の本質が示されました。

　そのモデルがシミュレートしたのは、上側の冷たい層、下側の暖かい層で挟まれた層内で起こる、ぐるぐる回転するような対流です（図7-1）。数値予報のように計算を繰り返していくと、突然回転方向が反転して位置がシフトする大きな変化が起こり、挙動が予測できないことがわかりました。

　また、シミュレートするときの初期値をわずかに変えると、対流のようすが大きく変わることもわかりました（**初期値敏感性**という）。わずかな変化やわずかな初期値の違いによって、結果に大きな違いが生じることを**バタフライ効果**といいます。言葉の由来は、対流が突然反転することを示したローレンツの図が2枚のはねを広げたチョウのようにも見えたことや、研究発表のタイトルが「ブラジルで1匹のチョウがはばたくとテキサスで大竜巻が起こるか」であったことによる

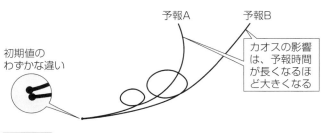

予報A　　予報B

初期値の
わずかな違い

カオスの影響
は、予報時間
が長くなるほ
ど大きくなる

図 7-2　初期値敏感性のイメージ

といわれています。

　数値予報にもこの「初期値敏感性」が現れ、格子点値のわずかな初期値の違いがあると、結果が大きく変わってしまう性質があります。

　10分後の数値計算では初期値のわずかな違いによる結果の違いは小さいですが、それを数十回数百回繰り返すと、結果が大きく違ってきます（図7-2）。1週間後の天気を予報する際には、初期値のわずかな不正確さが増幅してしまい、予報が大きく外れてしまう可能性を示唆しています。数値予報のこの問題を克服して、実用に耐えるように改善した方法があり、アンサンブル予報と呼ばれます。

 ## アンサンブルという手法

　せいぜい1週間程度といわれている高・低気圧などの消長に対する予報期間の限界を、通常の数値予報モデルを用いながら大幅にのばそうとする手法が**アンサンブル予報**です。

　アンサンブルという言葉は、全体や全体的効果を意味し、音楽では合奏曲を、服飾では一揃いの婦人服を、また理数関係では集団や集合を表す言葉です。アンサンブル予報は、集団的な初期値を用いることからこの言葉が使われています。

　アンサンブル予報は、数値予報の本計算を行う際に、観測誤差と同じ程度の小さな誤差をわざと人為的に与えた多数の初期値の組からなる集団（アンサンブル）を設定します。そして、それぞれの初期値ごとに独立して一定期間（例えば34日間）の予測計算を行い、集団の全予測値の単純平均を求め最終的に発表する予報とするものです。

　個々の初期値とそれに対応する予測結果を「メンバー」、

また全メンバー（集団）の単純平均を「アンサンブル平均」と呼びます。なお、初期値（解析値）から得られるただ一組の初期条件に対応する予測メンバーを慣用的に「コントロール」と呼んでいます。

アンサンブル予報は確率的予報

さて、テレビや新聞で見聞きする週間天気予報はアンサンブル予報に基づいていますが、世間では、予報は決定論・断定的に受け取られているように感じます。しかしながら、アンサンブル予報は予測に幅があり、週間予報で発表される予報は、上述の「アンサンブル平均」です。したがって、予測の信頼度はメンバー間のばらつきが小さければ高く、逆に大きければ信頼度は低いと考えられます。

重ねて留意すべきことは、アンサンブル予報は、初期条件が一組、予測も一組である「決定論的予報」である「短期予報」と異なり、**確率的予報**です。

図7-3は週間天気予報の例で、最高・最低気温の欄を見ますと、それぞれ予想気温の数値が記された下に予測の幅が（8〜12）のように括弧内に示されています。この幅は、アン

1月27日17時　東京都の週間天気予報

日付		28 木	29 金	30 土	31 日	1 月	曇時
東京地方 府県天気予報へ		曇のち雨か雪 /	晴時々曇	晴時々曇	晴時々曇	晴時々曇	曇
降水確率(%)		10/10/30/50	10	10	10	10	3
信頼度		/		A	A	A	
東京	最高(℃)	8	11 (8〜12)	9 (6〜12)	11 (7〜14)	14 (8〜16)	1 (10
	最低(℃)	5	1 (−1〜3)	1 (−1〜2)	1 (−1〜2)	2 (0〜3)	(1

図7-3　週間予報の例

サンブルメンバーの「バラツキ」から得られるもので、8〜12℃の範囲となることを示した確率的予報となっています。また、図中の「信頼度」は、降水確率として示した数値や天気の予報がどの程度確からしいかをA、B、Cで示したもので、表7-1のように定義されています。アンサンブルの結果のばらつきが大きいときは信頼度が低いCとなり、アンサンブルの結果のばらつきが小さい場合は信頼度が高いAになります。

　気温のアンサンブル予報がどのように求められるかを知るため、ある地域のアンサンブル1か月予報（メンバー数27）

表7-1　アンサンブル予報の信頼度の定義

信頼度	内　容	予報の精度
A	確度が高い予報 降水の有無の予報について、適中率が明日予報並みに高く、翌日の予報で日変わりする可能性がほとんどない。	降水有無の適中率： 　　　　　平均86％ 翌日の予報の日変わり率： 　　　　（※）平均2％
B	確度がやや高い予報 降水の有無の予報について、適中率が4日先の予報と同程度で、翌日の予報で日変わりする可能性が低い。	降水有無の適中率： 　　　　　平均72％ 翌日の予報の日変わり率： 　　　　（※）平均7％
C	確度がやや低い予報 降水の有無の予報について、適中率が信頼度Bより低い、もしくは、翌日の予報で日変わりする可能性が信頼度Bよりも高い。	降水有無の適中率： 　　　　　平均56％ 翌日の予報の日変わり率： 　　　　（※）平均21％

※「日変わり率」とは、翌日に降水の有無の予報が変わる割合を表す。

の「気温」に関する予報の例を図7-4に示しました。初期から1週間先程度までは、メンバー間の差はほとんど見られませんが、しだいに「バラツキ」が大きくなり、2週間も先に

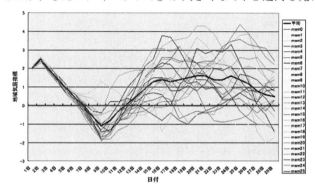

図 7-4　気温のアンサンブル予報におけるメンバーの例

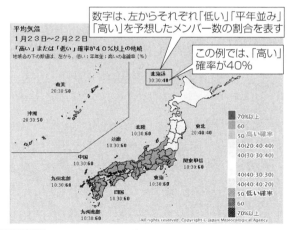

図 7-5　気温のアンサンブル予報の実例

なると顕著になるようすがわかるでしょう。このような場合、図中の太い実線で示された「アンサンブル平均」が発表される予報値になります。

また、図7-5は、気温のアンサンブル予報の結果を、平年より「高い」「平年並み」「低い」の3つに分けて、その確率を分布図にしたものです。各地域に書かれている3つの数字は、左から、気温が平年より「低い」を予想したメンバー数の割合、「平年並み」を予想したメンバー数の割合、「高い」を予想したメンバー数の割合を百分率で表しています。

 天気図のアンサンブル予想図

アンサンブル予報に基づく週間予報の例を図7-3に示しま

FEFE19　121200UTC AUG 2021　　ENSEMBLE PREDICTION CHART

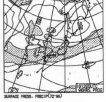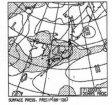
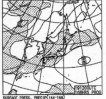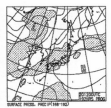

図 7-6 週間アンサンブル予報の結果を天気図にしたもの

したが、それとは別に、**週間アンサンブル予想図**として、図7-6のような6日間分の予想天気図が作成されています。

これは全球モデル（GSM）の週間アンサンブル予報で得られた各メンバーの格子点値をもとにして、各格子点でそれらを平均し、天気図を作成したものです。

気圧配置と高・低気圧の位置のほか、前24時間に1mm以上の降水が予測される領域が網点で表され、等圧線の走行や込み具合から風のようすも予想できます。

台風進路の「マルチ」アンサンブル予報

図7-7は、台風の進路についてのアンサンブル予報の実例です。薄い線で描かれたたくさんの進路は、メンバーごとの進路を描いたものです。初期値の小さな違いでこれだけ進路

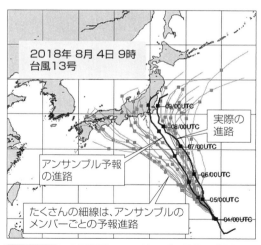

図 7-7　台風進路のアンサンブル予報の実例

予想が広がってしまうことから、「カオス」のやっかいさが見て取れると思います。しかし、このような「バラツキ」のある結果から、極端に外れたものは除外し、平均的な進路を見いだすことで、もっともらしい予報を導きます。

　図の濃い実線のうち左側がアンサンブル予報の結果出した予報進路、右が実際の進路です。かなり近い進路を予報することができています。

　気象庁の予報のほとんどは日本単独で行っていますが、台風の予測だけは違い、アメリカ・イギリス・ヨーロッパの気象予報センターが行っている熱帯低気圧を含む全球規模の「予報データ」を国際気象回線で入手し、気象庁の予測と複合して行っています。つまり、他国の気象予報センターによ

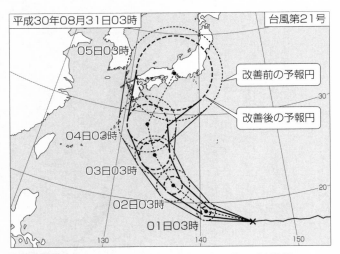

図7-8　アンサンブル予報とマルチ・アンサンブル予報
マルチでは、予報円が小さくなって予報精度が向上している。

る台風の進路予報を入手し、アンサンブル予報のデータに加えているのです。この予測手法は複数（マルチ）国の予測モデルを用いることから、**マルチ・アンサンブル予報**と呼ばれており 2019 年になって採用されました。マルチの予報の成果はどうだったでしょうか。

　図 7-8 は、日本単独での「アンサンブル予報」による台風進路予測と、各国の数値予測を日本の数値予測と複合させた「マルチ・アンサンブル予報」による進路予測の改善状況を示しています。予報円の大きさが従来に比べ小さくなり改善されていることがわかるでしょう。

　台風の進路予報に関しては、気象庁は WMO（世界気象機関）の枠組みの中で「太平洋台風センター」の役割を担っており、ベトナム、タイ、韓国、北朝鮮など 14 か国に台風に関する情報や予想を提供しています。

2 気象現象のスケールに合わせた数値予報モデル

気象擾乱の空間スケール

　大気が乱れる現象を気象学では擾乱（disturbance）と呼びます。積乱雲 1 つの発生も気象擾乱ですし、クラウド・クラスター、台風、温帯低気圧はいずれも気象擾乱ですがスケールが異なります。

　本書では、これまで数値予報の「全球モデル」についてのみ解説してきましたが、格子間隔は 20 km であるため、それより小さいスケールの気象擾乱を直接シミュレートするこ

とはできません。格子のサイズがもっと小さければ、もっと細かな予報が出せることは、想像がつくでしょう。

　そこで、はじめに気象のさまざまな現象のスケールを概観し、次に数値予報の格子間隔との関係を見てみましょう。表7-2のように、擾乱の水平方向の空間的長さにより、大きい方から「マクロスケール」「メソスケール」「マイクロスケール」の分類があります。

　格子が20kmの「全球モデル」で予報できるのは、メソβスケールよりも大きいスケールで、温帯低気圧や高気圧の衰退をとても精度よく予報しています。また全球モデルでは、メソスケールの台風や前線も精度よく予報できます。しかし、例えば集中豪雨をもたらす積乱雲群までは精度よく予報でき

表 7-2　気象擾乱の空間スケール

水平方向の長さ	分類	気象擾乱
2000km 以上	マクロスケール	
10000km 以上	マクロαスケール	超長波
2000 〜 10000km	マクロβスケール	温帯の低気圧・高気圧
2 〜 2000km	メソスケール	
200 〜 2000km	メソαスケール	前線・台風
20 〜 200km	メソβスケール	集中豪雨、スーパーセル、線状降水帯、海陸風
2 〜 20km	メソγスケール	発達した積乱雲、ダウンバースト
0.002 〜 2km	マイクロスケール	
0.2 〜 2km	マイクロαスケール	積乱雲
0.02 〜 0.2km	マイクロβスケール	竜巻
0.002 〜 0.02km	マイクロγスケール	風の乱れ

これらは便宜上の分類であって、厳密なものではない。別の分類では、およそ1000kmを境として、大きいものを「総観規模」、小さいものを「中小規模」ということもある。

ません。

 スケールに合わせた数値予報モデル

そこで、目的に応じて格子サイズの小さな数値予報も行われており、これらは異なる「数値予報モデル」として表7-3のように分類されています。「全球モデル（GSM）」では格子間隔20kmですが、「メソモデル（MSM）」では5km、「局地モデル（LFM）」では2kmです。

メソモデルや局地モデルでは、第5章6節でふれた「静力学的近似」を用いない計算を行っています。このため、気塊の急激な（加速度的な）上昇や下降をモデル内に表すことができます。

格子間隔を小さくすると、数値計算の必要計算回数が増えるため、地球全体での計算は現在のコンピュータの能力では

表7-3 主な数値予報モデル

名称	格子間隔	予報時間	対応する予報の種類
全球モデル（GSM）	地球全体 水平約20km	5.5日間 または 11日間	週間天気予報、分布予報、時系列予報、府県天気予報、台風予報、航空気象情報
メソモデル（MSM）	日本周辺 水平約5km	39時間 または 51時間	降水短時間予報、分布予報、時系列予報、府県天気予報、防災気象情報、航空気象情報
局地モデル（LFM）	日本周辺 水平約2km	10時間	降水短時間予報、防災気象情報、航空気象情報

気象庁が運用する数値予報モデルには、この他にアンサンブル予報に最適化した3つのモデルがある。

時間がかかりすぎてできず、日本周辺だけの格子点での計算になります。また、全球モデルで11日先まで予報できるのに対して、メソモデルでは51時間先、局地モデルでは10時間先までしか予報できません。

地球の裏側から偏西風波動が伝わってきて日本に影響してくるのが数日ですから、日本周辺の格子点に限ってしか計算しないメソモデルや局地モデルでは、何日も先までの予報はできないのです。

図7-9は、積乱雲、台風、高・低気圧、寒波などの気象擾乱を空間的な広がりだけでなく、時間的な長さ（あるいは寿命）もあわせてまとめたものです。横軸は時間的な長さ（寿命）、縦軸は空間的な広がりを示し、それぞれのモデルが得意とする気象擾乱の範囲がわかりやすく示されています。

空間スケールだけでなく、時間スケールについても、かなりの広がりがあります。一般的に現象の空間スケールの大き

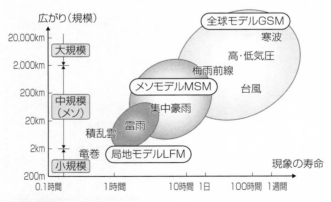

図 7-9 数値予報モデルがカバーする気象擾乱の時間・空間スケール

なものは時間スケールも長く、空間スケールが小さいものは時間スケールも短い関係にあります。

メソモデルは、数時間から 1 日先の大雨や暴風などの災害をもたらす現象を予測することを主要な目的としています。また、局地モデルは、数時間程度先までの局地的な大雨の発生の予報に利用されています。

なお、台風は空間スケールが 1000 km 程度と高・低気圧の 2000 km スケールに比べて小さいものの、発生から発達・衰弱までの時間スケールが 1 週間程度と比較的長く、例外といえるかもしれません。予報時間の長い全球モデルが用いられますが、短時間の予報にはメソモデルも用いられています。

 単一のモデルですべてカバーすることは可能なのか

単一の予測モデルを用いて、個々の雲の発生・発達から、高・低気圧などのすべての振る舞いを予測できる「シームレスモデル（継ぎ目がない）」が可能であれば理想的ですが、現時点では実現していません。

その理由は、雲の発生や発達の過程や凝結、放射などの機構（雲・降水過程）が非常に複雑であること、また、雲など細かい現象についての観測網の展開が困難であること、そしてコンピュータの能力に制約があることです。

3　天気予報のさまざまな手法

天気予報技術の類型

さて、これまで人による天気予報の手法や、数値予報を中

心として見てきました。数値予報により、予報官が天気図などの資料を見て気象状況を概観して予報を行っていた時代に比べて、数値予報では格段に精度が向上したとはいえ、マイクロスケールの積乱雲の集団による局地的な集中豪雨は、いまだ数値予報でも予報しきれません。それは将来に向けた課題です。

しかし、天気予報には他にも手法があります。不十分なりにできる限りの手法を駆使して、短時間先ならば、局地的な豪雨の予報も行ってきました。その具体的な話に進む前に、やや横道にそれますが、天気予報には原理的にどのような手法があるかの全体像を見ておきましょう。

天気予報技術は、図7-10に示すように、主観的な技術と客観的な技術に大別されます。

かつて予報官が行う天気予報は、気象学の理解をもとにして、天気図などの現況の気象資料を駆使して行いましたが、その中には予報官の経験に基づく判断や勘も含まれており、

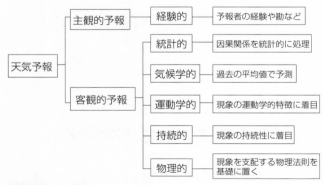

図 7-10 天気予報技術の全体像

主観的手法を多く含むものでした。しかし、主観的予報は過去のものとして捨て去られたわけではなく、現在でも、「観天望気」のほか、長年予報作業を通じて培われ、伝承されてきた予報者の智恵として、日々の予報作業にも生かされています。

　では客観的予報とは何でしょうか。客観的予報には、統計的、気候学的、運動学的、持続的、物理的のように、さまざまな手法があります。1つずつ見ていきましょう。

◆統計的予報

　ある地域の気温など、予報対象となる過去のデータを統計的に処理して、将来を予報する手法です。また、それだけでなく、離れた地域のデータとの相関を見いだして行う場合もあります。

　かつての長期的な予報では、この手法をユーラシア大陸の多数の地点に適用し、例えば「○○地域で気温が高ければ、1か月後には日本の××地域でも高くなる」というような予想を行っていました。

　しかしながら、近年、数値予報モデルによる予報が1か月などの季節予報まで可能になったことから、現在ではこうした統計的予報は採用されていません。

◆気候学的予報

　ある場所の長年にわたる気象データの平均を気候値といいます。単に「気候」というときも、いろいろな気象要素についての気候値をあわせて表しているといっていいでしょう。

　気候値予報とは、ある期間の「気候値」をもって予報とする手法をさします。予報者の作為が入る余地はない客観的予報です。

このような「気候」は、天気予報とは別物のように感じられるかもしれませんが、予報としての役割はあります。例えば、イベントの開催時期の選択や海外旅行などの際には、当該地の「気候」によって、そこがどんな天気になるかを予測して私たちは日常の行動の選択を行っているのではないでしょうか。1964年に開催された東京オリンピックは、気候値を参考に開催期間が決められたことの一例です。

　また、気候値予報は、特に長期的な数値予報などの予報技術の精度検証やその優位性の評価の際にも用いられています。

　数値予報による長期予報を利用するユーザーにとっては、気候値とどれだけずれた気温や降水量になるかを示された方が参考になる場合があります。気象庁はその基準として、「平年（値）」を作成しており、また数値の大小や多寡の程度を表す指標として「平年並み」などの「階級区分」を行っています。

「平年値」は、国際的には30年という期間が採用されています。30年とした根拠ははっきりしませんが、これは一人の人間が社会的に活動する期間がほぼ30年程度であり、その間に一度経験するかしないか程度のまれな現象を「異常」と感じることを考慮したものと考えられます。

　具体的には国連の一専門機関である世界気象機関（WMO）は、その技術規則の中で気候の診断をするとき、その標準となる「平年値」を、「西暦の1位が1の年から数えて連続する30年間の累年の平均値」と定義しています。平年値は10年ごとに更新されており、現在の平年値の統計期間は1991年から2020年までの30年間です。

　ちなみに、新しい平年値では近年の地球温暖化が反映されているため、仮に平年より気温が高いとなれば、それは昔より、かなりあるいは非常に高いと解されるべきです。

◆運動学的予報

　予測の対象となる現象あるいは事象をあたかも物体のように扱い、それがもつ運動の特性に注目して予報を行う手法を運動学的手法といいます。例えば、雨を降らせている雲がそのままの速度で運動を続けるならば、○分後にここでも雨になるだろうというような予報です。

　実際に気象庁が行っているこの手法の例として「降水ナウキャスト」、「降水短時間予報」が挙げられます。これについては後で詳しく解説します。

◆持続的予報

　気象現象をある空間で見れば、時間的な寿命あるいはある時間的な継続性をもっています。例えば、夕立では継続時間は最大でも１時間程度であり、台風であれば１週間程度はその循環を保持し、また進路や速度も数時間での変化は少ないと考えられます。一方、小笠原高気圧が一度発達すると暑い夏が続きます。持続予報は、こうした気象現象のもつ持続的性質に着目して行う手法です。台風情報で「○○時の推定位置は……」と放送されるのは、台風のもつ持続性に基づいています。

◆物理的予報

　大気の運動を支配する物理的な原理や法則に則って予報を行う手法です。「数値予報」はこれにあたります。

　ただし数値予報の本計算では、物理的手法で数値予報モデルのGPV（格子点値）を予報しますが、それだけでなく

GPVを「後処理」して、晴や曇り、雨、気温など各地の予報を作成しています。この後処理にあたる前述の「ガイダンス」では、物理的手法とは異なり、ビッグデータを解析して有用な結論を導く機械学習やディープラーニングといった近年注目されるAI（人工知能）と同様の手法が取り入れられています。

4 短時間の局地的豪雨の予報 —— 運動学的予報の活用

局所的な雨の予報は数値予報でできる？

ここでは、発達した積乱雲がもたらす局地的な豪雨をどう予想するかを考えます。

すでに述べてきたように、数値予報の全球モデル、メソモデルでは、積乱雲がもたらす局地的な雨を予報しきれず、最も高い解像度（格子点間隔2km）をもつ「局地モデル」をもってしても、まだできません。

もちろん「関東地方の各地で急な雷雨が発生します」というような気象概況に基づく予報を出すことは可能です。第4章では、上空の寒気による急な雷雨の例を見ました。上空に寒気が入っているときは、その地域で大気が不安定になり、積乱雲が発達しやすくなるので、「○○地方の各地で急な雷雨」のような予報となります。このような予報は数値予報の時代に入る前から行われてきました。

しかし、広い地域のどこで——例えば私の住む街で——雷雨になるのかならないのか、雷雨になるとしたら時刻は何時

かといった細かい予報を行うことは、現在の数値予報ではできません。

　しかし局地的で短時間の豪雨に対して、できることはあります。気象庁はこれまで、「運動学的予報」「持続的予報」の手法を駆使して、できる限りの予報を行ってきました。それが降水ナウキャストです。

降水ナウキャスト

　「ナウキャスト」とは、すぐ近い将来を意味する now と予測の forecast からの造語です。その手法は運動学的予報が基本です。**降水ナウキャスト**は、1時間先までの5分毎の降水の強さを1km四方の細かさで予報します。

　具体的には、気象レーダーとアメダスでとらえた降水域を、1km四方の格子に分割し、1時間前と現在との降水域を比較して、どの方向にどれだけ格子を動かせば、両者が最も似

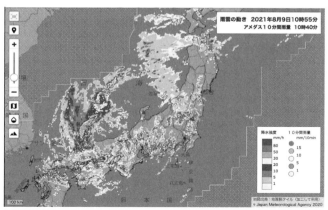

図 7-11　降水ナウキャスト

ているかを自動的に判断させます。その動きを、将来に向かって進めることで、雨域の変化を1時間先まで予測します。このアルゴリズムは、「パターンマッチング」と呼ばれる技術です。このとき、降水の強さの分布だけでなく、降水域の発達や衰弱の傾向も反映させます。さらに地上・高層の観測データから求めた移動速度も利用されます。新たに発生する降水域を予測に反映することができないのが難点ですが、短時間の予測では比較的高い精度の予測を得ることができます。

この手法は、6時間先あるいは15時間先まで予報する、**降水短時間予報**でも使われています。ただし、6時間予報の後半部分から先の将来は、メソモデル（MSM）の風の予測値と地形による降水の増加の効果を取り入れています。

また、降水ナウキャスト、降水短時間予報ともに、地形の影響などによって降水が発達・衰弱する効果も計算して、予測の精度を高めています。

これらの情報は、いずれも気象庁のホームページで公開されていますので、外出や屋外での作業などに非常に有用な予報といえます。さらに航空関係者にとっても、空港施設の管理などに有効だと思われます。

5 天気予報を進歩させる さまざまなとりくみ

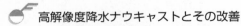
高解像度降水ナウキャストとその改善

高解像度降水ナウキャストは、降水ナウキャストの解像度を高め、降水域の内部を立体的に解析して、250m解像度の

降水分布を 30 分先まで予測するようにしたものです。

　従来からの降水ナウキャストが、気象庁のレーダーの観測結果をアメダスデータで補正した値を予測の初期値としているのに対し、高解像度降水ナウキャストでは、国土交通省レーダ雨量計も利用し、さらにウィンドプロファイラやラジオゾンデの高層観測データも用いた解析を行って予測の初期値を作成しています。

　一見、降水ナウキャストの解像度を高くしただけのものに見えます。しかしそうではありません。降水ナウキャストの運動学的方法からは、大きく踏み出した予報手法が取り入れられています。それは、気温や湿度等の分布に基づいて雨粒の発生や落下等を計算する対流予測モデルを用いていることで、数値予報のような物理的手法が組み合わされているのです。

　また、降水ナウキャストでは、新たに発生する降水域を予測に反映することができないのが難点でしたが、高解像度降水ナウキャストでは、積乱雲の発生を予測することにも取り組んでいます。

　例えば、積乱雲の強雨にともなう下降気流がつくるガストフロントと、周辺の地上付近の風とが最も強く収束する地点を見つけ出し、新しい積乱雲の発生を予測します。また、複数の積乱雲から発生するガストフロントの収束する地点においても積乱雲の発生を予測します。このような積乱雲の発生については、第 1 章のマルチセルにおける積乱雲の生成と消滅の解説でふれました。

　積乱雲の生成と消滅に関連して、もうひとつ異なる点があります。降水ナウキャストでは降水域の移動を解析していま

したが、高解像度降水ナウキャストでは、単に降水域の移動を解析するのではなく、「積乱雲の動き」とその「生成と消滅の過程」から、降水域を解析する方法がとられているという違いもあります。

このほか、地表付近の風や気温、水蒸気量から積乱雲の発生を推定する手法や、微弱なレーダーエコーの位置と動きを検出して積乱雲の発生を予測する手法などが用いられています。

積乱雲発生の予測は的中することも外れることもありますが、外れた場合は、対流予測モデルを見直すなどの改善が行われています。

🦯 より高性能の気象レーダー

降水ナウキャストに用いられる気象レーダーは、より性能の高い**二重偏波ドップラー気象レーダー**へ全国的に置き換えられていっています。この新しい気象レーダーは、電波の振動方向が異なる水平・垂直の2種類の電波を用いて雨粒の特徴をとらえることで、降水強度を従来よりも正確に観測するレーダーです。降水ナウキャストの雨量予測精度の向上が期待されます。

また、この気象レーダーは、雨、雪、霰の区別も可能です。前述の数値予報のパラメタリゼーションでは、雲・物理過程の格子点値への反映が行われていることにふれましたが、この気象レーダーがとらえる雲の粒子のようすをパラメタリゼーションの過程に取り入れれば、数値予報の向上も期待されます。

雲レーダーによる集中豪雨発生前の雲の観測

　防災科学技術研究所では、通常の気象レーダーでは観測できない雲粒を観測できる**雲レーダー**を開発し、雨が形成される前の雲粒を観測することで、より早く豪雨の危険性を検知する研究が進められています。

　雲レーダーは、雨粒よりもはるかに小さい雲粒を検出できるように設計された気象レーダーです。現在の気象レーダーでは、波長が約5cmや3cmの電波が用いられていますが、雲レーダーではこれらの電波よりさらに波長の短い波長約8.5mm（Kaバンドと呼ばれる）の電波を用いて、高感度化を行っています。このレーダーにより、雨粒に成長する雲粒が観測できるので、積乱雲の発生・発達のしくみの理解が進むことが期待されます。また、高解像度降水ナウキャストへの活用もできるかもしれません。

 台風内部の精緻なシミュレーション

　台風の進路予報は、全球モデルなどで行うことができますが、台風を構成する積乱雲がいつどこで集中豪雨を降らせるかの緻密な予報までは実現していません。独自に積乱雲が組織化された構造をもつ台風の緻密な予報には、台風の内部構造までを緻密に表現する数値予報モデルが必要になりますが、その研究も行われています。

　近年、名古屋大学では、台風の発達や目の構造などを支配する雲の役割を取り込んだ細かい格子を用いた「雲解像モデル」を開発して実験を進めており、格子間隔は何と100mです。図7-12は1959年9月の「伊勢湾台風」を再現したもので、目の周辺の微細な雲の構造が、まるで実際の写真を眺め

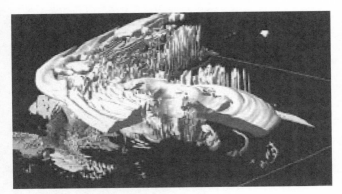

図7-12 台風の内部構造のシミュレーション

ているかのように表現されています。

雲解像度のシームレス数値予報が実現したその先には

　現在気象庁が運用している数値予報モデルでは、格子間隔が 20 km であるため格子点値では雲を表現できず、パラメタリゼーションによって雲・降水過程を取り入れ、格子点値に反映させていることをすでに述べました。また、前述の局地モデルでは、格子間隔は 2 km と高解像度であるものの、狭い地域に限ったモデルであり、予報時間もせいぜい 10 時間先までで、降水短時間予報への利用に限られています。

　これに対して研究開発が続けられている**全球雲解像モデル**（NICAM）と呼ばれる数値予報モデルは、地球全体を 5 km や 3.5 km の格子間隔で覆う高解像度により雲の分布を直接表現できます。全球モデルと一体になっているので、途切れなく（シームレスに）数値予報を行うことができます。

　このような新しい数値予報モデルの開発は、日本の保有す

る最高性能のスーパーコンピュータが使用されています。「地球シミュレータ」「京」から「富岳」へと世代を変え、全球雲解像モデルの研究開発が続けられています。コンピュータの性能の向上とともに、解像度を局地モデルと同様にすることも期待されます。

　これらの先進的な数値予報モデルと次世代のスーパーコンピュータを用いた研究は、地球温暖化のシミュレーションに用いられると同時に、雲と降水のしくみに関する研究にも活用されています。より精密になった観測機器と高性能コンピュータを活用し、台風や線状降水帯の発生を全球雲解像モデルやその次世代モデルを用いて、積乱雲スケールの数値予報が実現できる日がくるかもしれません。その実現があってこそ、強靱化した台風による集中豪雨、活発化した前線、多発する線状降水帯による集中豪雨のより正確な予報ができる、次世代の天気予報が実現するでしょう。

図 7-13　**気象庁の数値予報に使われるスーパーコンピュータ**（2021年）より高性能のものに数年ごとに更新されている。（気象庁資料）

参考文献

《書籍》

『気象百年史』気象庁（1975 年）

『気象庁物語』古川武彦（中公新書、2015 年）

『人と技術で語る天気予報史』古川武彦（東京大学出版会、2012 年）

『避難の科学』古川武彦（東京堂出版、2015 年）

『激甚気象はなぜ起こる』坪木和久（新潮選書、2020 年）

『一般気象学』小倉義光（東京大学出版会、1984 年）

『グローバル気象学』廣田勇（東京大学出版会、1992 年）

『気象力学通論』小倉義光（東京大学出版会、1978 年）

『図解・気象学入門』古川武彦・大木勇人（講談社ブルーバックス、2011 年）

『最新気象百科』ドナルド・アーレン／古川武彦 監訳／椎野純一・伊藤朋之 訳（丸善出版、2008 年）

『お天気の科学』小倉義光（森北出版、1994 年）

『気象学入門』山岸米二郎（オーム社、2011 年）

『気象学入門』松田佳久（東京大学出版会、2014 年）

『図解入門 最新 気象学のキホンがよ～くわかる本』岩槻秀明（秀和システム、2017 年）

『地学 改訂版』磯﨑行雄・川勝均他（啓林館、2020 年）

『現代天気予報学』古川武彦・室井ちあし（朝倉書店、2012 年）

『わかりやすい天気予報の知識と技術』古川武彦（オーム社、1998 年）

『天気予報のつくりかた』下山紀夫（東京堂出版、2007 年）

『改訂新版 気象予報のための天気図のみかた』下山紀夫（東京堂出版、2013 年）

『天気予報はどのようにつくられるのか』古川武彦（ベレ出版、2019 年）

『数値予報研修テキスト』気象庁予報部

『数値予報』岩崎俊樹（共立出版、1993 年）

『数値予報の基礎知識』二宮洸三（オーム社、2004 年）

『数値予報と現代気象学』新田尚・二宮洸三・山岸米二郎（東京堂出版、
　　2009 年）

『アンサンブル予報』古川武彦・酒井重典（東京堂出版、2004 年）

『ローレンツ　カオスのエッセンス』E.N.Lorenz ／杉山勝・杉山智子
　　訳（共立出版、1997）

『トコトンやさしい流体力学の本』久保田浪之介（日刊工業新聞社、
　　2007 年）

《その他資料》

「気候変動に関する政府間パネル（IPCC）第 5 次評価報告書」（2014 年

「気候変動に関する政府間パネル（IPCC）第 6 次報告書（一部）」（2021 年）

「線状降水帯の予測精度向上に向けた取組み状況と課題」線状降水帯
　　予測精度向上ワーキンググループ（第 1 回会合）（気象庁、2021 年）

《WEB ページ》

気象庁 https://www.jma.go.jp

海洋研究開発機構（JAMSTEC）http://www.jamstec.go.jp

気象コンパス　古川武彦　http://met-compass.com

天気図など各種気象資料の出典

気象庁 WEB ページ

さくいん

N.D.C.451　278 p　18cm

ブルーバックス　B-2181

図解・天気予報入門
ゲリラ豪雨や巨大台風をどう予測するのか

2021 年 9 月 20 日　第 1 刷発行

著者	古川武彦
	大木勇人
発行者	鈴木章一
発行所	株式会社講談社
	〒112-8001　東京都文京区音羽2-12-21
電話	出版　03-5395-3524
	販売　03-5395-4415
	業務　03-5395-3615
印刷所	(本文印刷) 株式会社新藤慶昌堂
	(カバー表紙印刷) 信毎書籍印刷 株式会社
製本所	株式会社国宝社

ISBN978－4－06－524682－5

発刊のことば

科学をあなたのポケットに

二十世紀最大の特色は、それが科学時代であるということです。科学は日に日に進歩を続け、止まるところを知りません。ひと昔前の夢物語もどんどん現実化しており、今やわれわれの生活のすべてが、科学によってゆり動かされているといっても過言ではないでしょう。

そのような背景を考えれば、学者や学生はもちろん、産業人も、セールスマンも、ジャーナリストも、家庭の主婦も、みんなが科学を知らなければ、時代の流れに逆らうことになるでしょう。

ブルーバックス発刊の意義と必然性はそこにあります。このシリーズは、読む人に科学的にものを考える習慣と、科学的に物を見る目を養っていただくことを最大の目標にしています。そのためには、単に原理や法則の解説に終始するのではなくて、政治や経済など、社会科学や人文科学にも関連させて、広い視野から問題を追究していきます。科学はむずかしいという先入観を改める表現と構成、それも類書にないブルーバックスの特色であると信じます。

一九六三年九月

野間省一